# 建筑工程测量实验实训指导

主　编　郭一江　李宏豪
副主编　周海波　王　迪　文　静

南開大學出版社
天　津

**图书在版编目(CIP)数据**

建筑工程测量实验实训指导 / 郭一江,李宏豪主编
. — 天津:南开大学出版社,2017.9(2020.8 重印)
ISBN 978-7-310-05461-9

Ⅰ.①建… Ⅱ.①郭… ②李… Ⅲ.①建筑测量-高等职业教育-教材 Ⅳ.①TU198

中国版本图书馆 CIP 数据核字(2017)第 210038 号

**版权所有 侵权必究**

建筑工程测量实验实训指导
JIANZHU GONGCHENG CELIANG
SHIYAN SHIXUN ZHIDAO

---

南开大学出版社出版发行
出版人:陈 敬
地址:天津市南开区卫津路 94 号 邮政编码:300071
营销部电话:(022)23508339 营销部传真:(022)23508542
http://www.nkup.com.cn

---

三河市同力彩印有限公司印刷 全国各地新华书店经销
2017 年 9 月第 1 版 2020 年 8 月第 2 次印刷
260×185 毫米 16 开本 9.5 印张 233 千字
定价:32.00 元

---

如遇图书印装质量问题,请与本社营销部联系调换,电话:(022)23508339

# 前　言

本书为面向测绘专业的高等学校教材。随着国家基础建设发展，测量实验、实训理念和方法不断更新，相关标准、规范已修订。为了适应行业发展，在理论教材的基础上，特编写了该实验指导书。

本书为《建筑工程测量》（即非测绘专业的“建筑测量”或“测量学”）的配套教材。本书分为三个部分：第一部分是实验部分，分三章介绍了测量仪器的基本测量方法，指导学生测定角度、距离和高程；第二部分是理论部分，主要介绍了建筑工程测量的理论知识；第三部分为实训部分，分十个方面分别做了实训指导 。

本书具体分工如下：第一、六章由李宏豪编写，第二章由文静编写，第三、七章由王迪编写，第四、八章由郭一江编写，第五、九章由郭秦编写，第六章由周海波编写。最后由郭一江对本书进行了统稿，并完成了最后的修改。

本书在编写过程中，参阅了大量文献，并引用了一些资料，在此谨向有关作者表示衷心感谢！因作者水平所限，难免有不足之处，恳请读者指正！

# 目　录

## 第一篇　实验部分



## 第二篇　理论部分

# 第三篇 实训部分

# 第一篇　实验部分

# 测量仪器使用规则

1. 测量仪器多为精密、贵重仪器。为保证仪器安全，延长使用寿命及保持仪器精度，使用仪器时，需要按照本规则要求进行。

2. 对光学仪器要严格防潮、防尘、防震，在雨天以及大风沙气候下不得使用，在搬运途中必须有人扶持。

3. 仪器应尽可能避免架设在交通要道上，在架好的仪器旁必须有人看守。

4. 在架设好仪器后，必须检查脚架腿螺旋及连接螺旋，确定是否已拧紧。

5. 在使用过程中搬动仪器，应将上盘制动螺旋松开。至于经纬仪，还要将望远镜竖置，将仪器抱在胸前，一手扶住基座部分，不得将仪器扛在肩上。

6. 拧动仪器各部的螺旋，要用力适当，在未松开制动螺旋时，不得转动仪器的照准部和望远镜。

7. 在取出仪器后，必须将干燥剂放于盒内，并将盒子盖好，以防干燥剂失效。

8. 工作时不得坐在仪器盒上。将仪器装在盒内搬运时，应检查搭扣是否扣好，皮带是否安全。

9. 在使用过程中如发现仪器转动失灵，或有异样声音，应立即停止工作，对仪器进行检查，并报告实验室。

10. 仪器的光学部分如沾有灰尘，应用软毛刷干净，不得用不洁及粗糙的布类擦拭，更不得用手擦拭。

11. 如仪器沾有水珠，应将仪器在通风干燥处晾干后再装入盒内。

12. 工作过程中，不得将两腿骑在脚架腿上。

13. 使用仪器前后，均应详细检查仪器状况及配件是否齐全。

14. 仪器装箱时应保持原来的放置位置，且将制动螺旋拧紧。如果仪器盒子不能盖严，不能用力按压，应检查仪器的放置位置是否正确。

15. 在使用钢尺时，切勿在打卷的情况下拉尺，并不得脚踩、车压。

16. 钢尺在用完后，必须擦净、上油，然后卷入盒内。

17. 丈量距离时，应在卷起 1 ~ 2 圈的情况下拉尺，且用力不得过猛，以免将连接部分拉坏。

18. 花杆及水准尺应该保持其刻画清晰，没有弯曲，不得用来扛抬物品及乱扔乱放。水准尺放置在地上时，尺面不得靠地。

19. 垂球应保持形状对称，尖部锐利，不得在坚硬的地面上乱用乱碰。

20. 测钎应保持没有弯曲，不得用来作为拉钢尺的把手。

21. 分度器均应妥善放置，以保持刻画清晰，并防止发生折断及扭曲。

22. 对特殊贵重及精度仪器，应按照专业的规定使用。

# 测量实验课须知

测量实验课是培养学生实际操作能力,加深其对课程内容的理解,是学习测量学的重要环节之一;是理论联系实际,加强基本技能的有效措施。实验课着重在测量学的最基本训练,与其他教学环节有着密切联系。为了让实验课起到它应有的作用,学生必须注意以下几点:

1. 课前应做好准备,包括阅读指定的实验指导书,预习教材中有关章节,准备好必要的表格和文具等。

2. 实验前要求必须先进行实验预习,了解实验的内容和要求,弄清有关的基本理论和方法,并完成相应的实验预习题。否则,指导教师有权拒绝其当前实验课程,并责令其在规定时间内完成。

3. 实验课无论在室外或是室内进行,都应和上课一样,必须遵守上课纪律。

4. 实验课上课应认真完成教师所布置的任务。

5. 实验应按照统一安排的地点进行,不得擅自改变。

6. 实验中应按规定使用仪器工具,严格遵守《测量仪器使用规范》。

7. 实验必须重视记录,严格遵守《测量资料记录规则》。

8. 实验中应爱护实验设备和教学场地环境,不得任意破坏。

# 第一章　经纬仪的认识及角度测量

## 实验 1-1　DJ6 经纬仪的认识与使用

### 一、实验目的与要求

(1)了解经纬仪的基本构造和特点,主要部件的名称与作用。

(2)掌握经纬仪对中整平的方法。

### 二、学时与设备

(1)实验学时数为 2 学时,每小组 4~5 人。

(2)实验设备为 DJ6 电子经纬仪 1 台,三脚架 1 个。

### 三、方法与步骤

**1. 经纬仪的认识**

(1)认识仪器。对照实物正确说出仪器的组成部分、各螺旋的名称及作用(如图 1-1、图 1-2 所示)。

**图 1-1　DJ6 经纬仪的结构(正面)**

图 1-2 DJ6 经纬仪的结构(反面)

**2. 经纬仪对中整平的方法**

(1)安置三脚架和仪器。

伸开三脚架于测站点上方,将仪器置于三脚架头中央位置,左手握住仪器的横轴支座,右手将三脚架中心连接螺旋旋入仪器基座中心螺孔中并紧固。

安置中注意三点:

①三脚架架头尽可能水平、仪器中心尽可能地处于测站点正上方;

②将三脚架腿的固定螺旋适度拧紧,以防架腿滑落;

③较大坡度处安置仪器时,宜将三脚架两条腿置于下坡方向。

(2)粗略对中。

方法一:垂球法。

垂球尖对准测站点标志中心。

方法二:光学对中器法。

先放下三脚架的一条架腿,双手分别握住另两条架腿,稍离地面前后左右摆动(注意架头要平),眼睛同时观察对中器的目镜,直至分划圈中心对准测站点标志为止,放下两架腿并踩紧三个架腿。

(3)粗略整平。

①分别松开三脚架架腿制动螺旋,升降架腿,调整其高度使圆水准气泡居中。

②如图 1-3 所示,松开照准部水平制动螺旋,使水准管与两脚螺旋的连线平行,以相反的方向旋转两脚螺旋使管水准器气泡居中(先平行)。

③将照准部旋转 90°,转动第三个脚螺旋,使气泡居中(后垂直)。

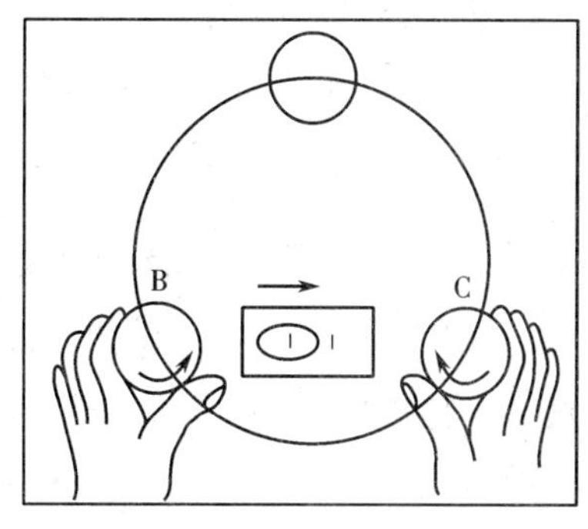

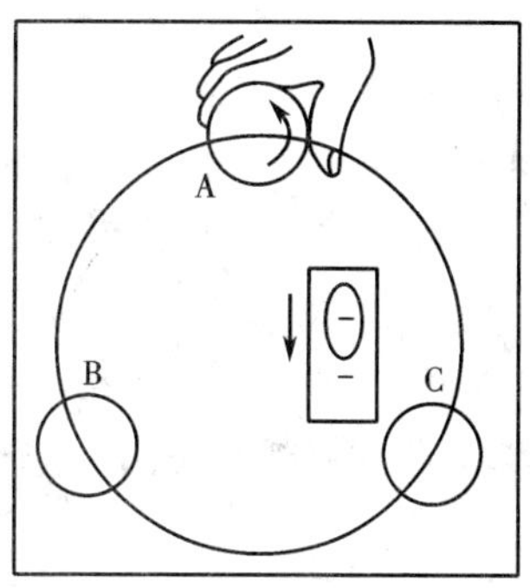


图 1-3　DJ6 经纬仪的整平

※整平时气泡移动方向和左手大拇指转动方向一致。

(4)精确对中。

检查对中器,若分划圈中心偏离测站点标志,则稍松中心连接螺旋,再前后左右平行移动基座,使之精确对中。

(5)精确整平。

检查管水准器,若气泡未居中,则按粗略整平中的②、③步骤重新整平,使管水准气泡居中。

重复精确对中、整平步骤,直至仪器既对中且管水准气泡在任何方向也居中为止。

※对中、整平要相互兼顾,多次反复,方能完成。

## 四、注意事项

(1)垂球对中误差小于 3 毫米。

(2)整平误差小于 1 格。

# 实验 1－2　测回法观测水平角及竖直角的观测

## 一、实验目的与要求

(1)进一步熟悉 DJ6 电子经纬仪的使用方法。

(2)掌握测回法观测水平角的观测、记录和计算方法。

(3)掌握竖直角观测、记录和计算方法。

## 二、学时与设备

(1)实验学时数为 2 学时,每小组 4 ~ 5 人。

(2)实验设备为 DJ6 电子经纬仪 1 台、三脚架 1 个、测钎 3 根、记录本 1 个、铅笔 1 支。

## 三、方法步骤

### 1. 测回法观测水平角

测回法适用于观测两个方向的单角。

瞄准目标的方法：松开照准部和望远镜制动螺旋；将望远镜瞄准远处天空，转动目镜，使十字丝刻画清晰；转动照准部，用望远镜粗瞄器十字线竖线瞄准目标，固定照准部和望远镜；转动物镜调焦筒使目标成像最清晰（要注意消除视差）；用照准部和望远镜微动螺旋精确瞄准目标。

（1）一测回观测步骤如下：

①以盘左位置瞄准目标 $A$，读取度盘读数 $a_{左}$，顺时针转动照准部瞄准目标 $B$，读取度盘读数 $b_{左}$，计算上半测回角值 $\beta_{左}=b_{左}-a_{左}$。

②以盘右位置瞄准目标 $B$，读取度盘读数 $b_{右}$，逆时针转动照准部瞄准目标 $A$，读取度盘读数 $a_{右}$，计算下半测回角值 $\beta_{右}=b_{右}-a_{右}$。

③若上、下半测回角值的互差在 ±40″范围内，则取平均值求一测回角值：

$$\beta=(\beta_{左}+\beta_{右})/2。$$

（2）采用测回法观测三角形的三个内角。

在实验场地上选定 3 个点，组成三角形，各点相距 30 ~ 100 米，做好标记。分别在三角形的三个角上安置仪器，参照测回法观测水平角一测回，观测步骤分别观测三角形的三个内角。三角形闭合差应满足小于等于 $\pm 60''\sqrt{n}$（$n$ 为测站数）。

**表 1-1 测回法观测水平角记录表**

| 测站 | 竖盘位置 | 目标 | 水平度盘读数 | 半测回角值 | 一测回平均角值 | 备注 |
|---|---|---|---|---|---|---|
| $O$ | 左 | $A$ | 0°01′10″ | 73°22′01″ | 73°22′02″ | |
| | | $B$ | 73°23′11″ | 73°22′03″ | | |
| | 右 | $B$ | 253°23′17″ | | | |
| | | $A$ | 180°01′14″ | | | |

### 2. 竖直角的观测

（1）竖盘构造。

竖盘安装在望远镜横轴一端，随望远镜一起绕横轴转动，读数指标不动，且竖盘平面与横轴相垂直，竖盘刻画中心位于横轴中心上。

竖盘注字方式有顺、逆时针之分。在正常情况下，视线水平时竖盘读数应为 90°或 270°，如图 1-4。因竖盘注记方式的不同，竖直角的计算公式也不同。

竖直角计算公式的确定方法：首先看一下视线水平时的竖盘读数，然后在望远镜上仰看竖盘读数变化：

①读数增大时，

竖直角 = 瞄准目标时读数 - 视线水平时读数。

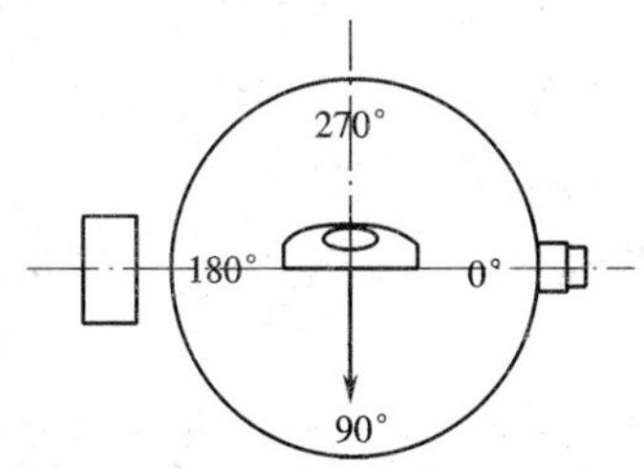


图 1-4　竖盘示意图

②读数减小时，

$$竖直角 = 视线水平时读数 - 瞄准目标时读数。$$

若盘左属第①种情况，则盘右必属第②种情况；反之亦然。

(2)竖直角观测。

①在给定的测站点上安置经纬仪，对中、整平。

②上下转动望远镜，观测竖盘读数的变化规律，确定出竖直角的计算公式，在记录表格备注栏内注明。

③选定远处一明显标志，如：水塔、天线、电线杆等或竖立的水准尺某整刻度处。

④用望远镜盘左位置瞄准目标，用十字丝横丝中丝切于目标照准位置。

⑤读取竖盘读数 $L$，在记录表格中做好记录，并计算盘左上半测回竖直角。

⑥再用望远镜盘右位置瞄准同一目标，同法进行观测，读取竖盘读数 $R$，记录并计算盘右下半测回竖直角。

⑦计算竖盘指标差

$$x = \frac{1}{2}(R + L - 360°)。$$

在满足一测回指标差互差 $\triangle X \leqslant 25''$ 要求的情况下，计算上、下半测回竖直角的平均值

$$\alpha = \frac{1}{2}[(\alpha_{左} + x) + (\alpha_{右} - x)] = \frac{1}{2}(\alpha_{左} + \alpha_{右}),$$

即一测回竖直角。

⑧同法进行第二测回的观测。检查各测回指标差互差(限差 ±25″)及竖直角的互差(限差 ±25″)是否满足要求，如在限差要求之内，则可计算同一目标各测回竖直角的平均值。

表 1-2　竖直角观测记录表

| 测站 | 目标 | 盘位 | 竖盘读数 | 竖直角 | 指标差 | 一测回竖直角 | 备注 |
|---|---|---|---|---|---|---|---|
| O | A | 左 | 73°44′12″ | +16°15′48″ | +12 | +16°16′00″ | |
| | | 右 | 286°16′12″ | +16°16′12″ | | | |
| | B | 左 | 114°03′42″ | -24°03′42″ | +18 | -24°03′24″ | |
| | | 右 | 245°56′54″ | -24°03′06″ | | | |

## 四、注意事项

(1)一测回过程中,不得再调整水准管气泡。

(2)当读数不够减时,应加360°后再减。

(3)分、秒数写足两位。

(4)竖盘的注记方式应判断清楚,即确定计算竖直角的公式。

# 实验1-3 方向法观测水平角

## 一、实验目的和要求

(1)进一步熟悉DJ6电子经纬仪的使用方法。

(2)掌握方向法观测水平角的观测、记录和计算方法。

(3)了解用DJ6电子经纬仪按方向法观测水平角的各项限差。

## 二、学时与设备

(1)实验学时数为2学时,每小组为4~5人。

(2)实验设备:DJ6电子经纬仪一台、三脚架一个、测钎4根、记录本一个、铅笔一支。

## 三、实验方法与步骤

测回法适用于在一个测站上只有2个方向的情况,若一个测站上观测的方向多于2个时,则采用全圆方向观测法较为方便。

方向法观测水平角是通过观测测站至各目标点的方向值,然后由方向值计算水平角值的方法。方向值是指选定一个方向为起始方向(零方向),其他方向相对于起始方向的角值。

观测水平角时为了消除或减弱仪器构造及校准不完善产生的误差,一般用盘左和盘右两个位置进行观测。盘左观测时称为上半测回,盘右观测时称为下半测回。

如图1-5所示,测站点为$O$,以$A,B,C,D$四个方向为例,则一测回操作步骤为:

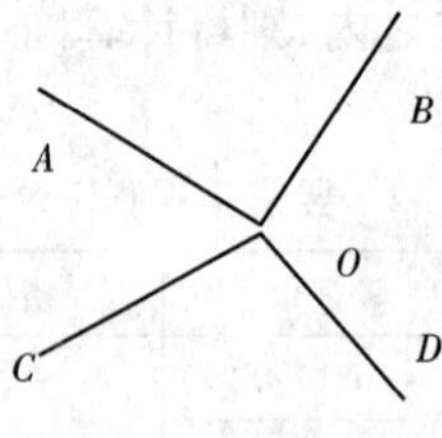


图1-5 水平角观测

### 1.上半测回

盘左选定目标点$A$为起始方向(零方向),瞄准$A$;将水平度盘读数配置到0°附近(稍大于0°),然后照准目标读数并记录;顺时针方向旋转照准部,依次瞄准$B,C,D$,读数并记录;继续顺时针方向转动，再次瞄准零方向 $A$，读数并记录，这一步骤称为“归零”。

零方向两次读数之差称为半测回归零差。归零差不能超过限差，若超过限差，应重测上半测回。当观测方向小于 3 个时，即测回法观测水平角，可不归零。

不同仪器、不同等级控制网水平角观测归零差的限差要求不同，详见表 1-1 水平角方向观测法的技术要求（《工程测量规范》GB 50026—2007）。

**2. 下半测回**

盘右瞄准零方向 $A$，读数并记录；逆时针方向旋转照准部，依次瞄准 $D$,$C$,$B$,$A$，读数并记录；检查半测回归零差是否超限，若超限则重测整个测回。

下半测回观测时应随时记录立即计算 2 倍视准轴误差 $2C$ 值。

$$2C = 盘左读数 - (盘右读数 \pm 180°)。$$

对于 $2C$ 互差的要求是不能大于限差，若超限须重测相关的方向。限差要求详见表 1-3。

上述操作步骤可以简单地理解为：盘左（上半测回）：$A \to B \to C \to D \to A$；盘右（下半测回）：$A \leftarrow B \leftarrow C \leftarrow D \leftarrow A$。

**表 1-3　方向法观测水平角的限差要求**

| 控制网等级 | 仪器精度等级 | 半测回归零差(″) | 一测回内 2c 互差(″) | 同一方向各测回较差(″) |
|---|---|---|---|---|
| 四等及以上 | 1″级仪器 | 6 | 9 | 6 |
| | 2″级仪器 | 8 | 13 | 9 |
| 一等及以下 | 2″级仪器 | 12 | 18 | 12 |
| | 6″级仪器 | 18 | — | 24 |

**表 1-4　方向观测法记录表**

| 测回 | 方向 | 盘左读数<br>° ′ ″ | 盘右读数<br>° ′ ″ | 2C | 一测回方值<br>° ′ ″ | 一测回归零方向值<br>° ′ ″ | 各测回平均方向值<br>° ′ ″ | 备注 |
|---|---|---|---|---|---|---|---|---|
| 1 | A | 0 01 10 | 180 01 08 | +2 | 0 01 14 | (0 01 13)<br>0 00 00 | 0 00 00 | |
| | B | 32 12 14 | 212 12 18 | −4 | 32 12 16 | 32 11 03 | 32 11 02 | |
| | C | 44 14 32 | 224 14 28 | +4 | 44 14 30 | 44 13 17 | 44 13 16 | |
| | D | 67 22 48 | 247 22 55 | −7 | 67 22 52 | 67 21 39 | 67 21 36 | |
| | A | 0 01 16 | 180 01 09 | +7 | 0 01 12 | | | |
| 2 | A | 90 01 10 | 270 01 06 | +4 | 90 01 08 | (90 01 08)<br>0 00 00 | | |
| | B | 122 12 08 | 302 12 13 | −5 | 122 12 10 | 32 11 02 | | |
| | C | 134 14 26 | 314 14 22 | +4 | 134 14 24 | 44 13 16 | | |
| | D | 157 22 44 | 337 22 35 | +9 | 157 22 40 | 67 21 32 | | |
| | A | 90 01 08 | 270 01 09 | −1 | 90 01 08 | | | |
| | | | | | | | | |

## 四、注意事项

(1)第一测回配置度盘时,严格地配置到零度,既困难也不必要。由于配置过程中照准部可能有微小的转动,读数前需要再次照准。为了避免出现 359°59′××″的读数,造成计算不便,度盘读数应配置在比零度稍大的位置。

(2)一测回内不得重新整平仪器,但测回间可以重新整平仪器。比如观测完第一测回后,可以重新整平仪器,再开始第二测回的观测。

(3)各测回的每项检核条件都要满足规范要求。

# 第二章　水准仪的认识及水准测量

## 实验 2－1　水准仪的认识及普通水准测量

### 一、实验目的与要求

(1)了解水准仪的基本构造、各个部件的名称和作用,掌握其使用方法。

(2)掌握水准尺的刻画、标注规律,并且学会读数。

(3)练习水准仪的安置,并进行普通水准测量,掌握读数、记录、高差计算的方法。

### 二、学时与设备

(1)实验学时数为 2 学时,每组 4 ~5 人。

(2)实验设备为:DS3 自动安平水准仪 1 台,脚架 1 个,水准尺 2 根,尺垫 2 个,记录本 1 个,测伞 1 把。

### 三、实验方法与步骤

#### 1. 水准仪的认识和使用

(1)仪器介绍。指导老师现场演示讲解水准仪的构造、安置以及使用方法,水准尺的刻画、标注规律以及读数方法。

(2)选择场地架设仪器。从仪器箱中取出水准仪,注意仪器装箱位置,以便使用结束后顺利装箱。

(3)认识仪器。对照实物正确说出仪器的组成部分,各个部分的名称以及作用(如图 2-1、图 2-2)。

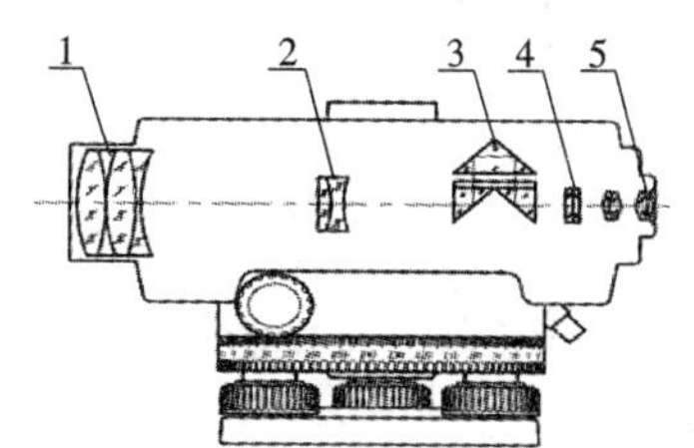


**图 2-1　自动安平水准仪的结构示意图**

1—物镜;2—物镜调焦透镜;
3—补偿器棱镜组;4—十字丝分划板;5—目镜

(4)粗平。先双手按照相对(或相反)方向旋转一对脚螺旋,再旋转第三个脚螺旋,直至圆

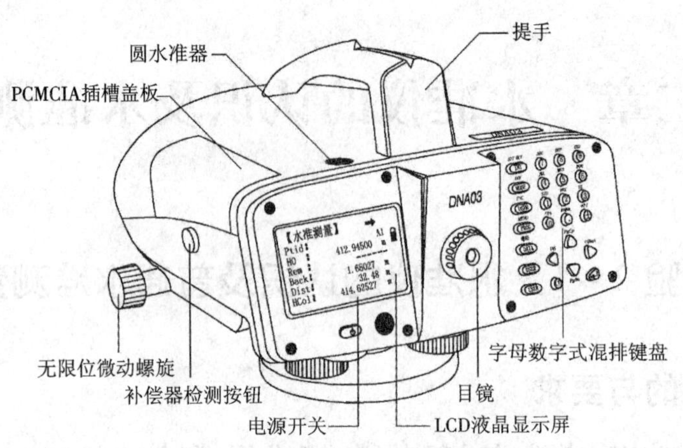


图 2-2 电子水准仪的结构示意图

水准器气泡居中。

(5)瞄准。先将望远镜对准明亮背景的场景,旋转目镜调焦螺旋,使十字丝清晰;再用望远镜粗略照准竖立于测点的水准尺。旋转物镜调焦螺旋使水准尺成像清晰,再旋转微动螺旋,用十字丝竖丝照准水准尺。

(6)读数。用十字丝中丝读取米、分米、厘米,估读出毫米位数字,并用铅笔记录在记录簿上面。

**2. 普通水准测量**

(1)选定一条闭合或者附和水准路线,其长度以安置 4 ~ 6 个测站为宜。确定起始点及水准路线的前进方向。

(2)在起始水准点和第一个立尺点之间安置水准仪,用目估或者步量使仪器与前、后视点的距离大致相等。在前、后视点上竖立水准尺,按一个测站上的操作程序进行观测,即:安置—粗平—瞄准后视尺—读数—瞄准前视尺—读数。观测员的每次读数,记录员都应该回数检核后记入表格,并在测站上算出测站高差。

(3)向终点方向迁站,前尺变后尺,用相同方法施测,直至回到起始水准点或到终点为止。

(4)计算高差闭合差,若在 $\pm 12\sqrt{n}$(mm)之内($n$ 为测站数),将闭合差分配改正,求出待测点高程,若超限必须重测。

## 四、注意事项

(1)水准仪安放到脚架上必须立即将中心连接螺旋旋紧,严防仪器从脚架上掉下摔坏。

(2)测量时注意前后视距大致相等。

(3)旋转调焦及制动、微动螺旋,应平稳、轻柔,调焦时注意消除视差。

(4)一个测站观测过程中不得中途重新整平仪器,若圆水准器气泡发生偏离,应整个测站重新观测。

(5)立尺人员应站在水准尺后,双手扶尺,以使尺身保持竖直,各测站的前后视距应尽量相等。

(6)仪器未搬迁时,前、后视点上尺垫均不能移动。仪器搬迁后,后视扶尺员才能携尺和尺垫前进,但前视点上的尺垫仍不能移动。

# 实验 2-2　四等水准测量

## 一、实验目的与要求

(1)掌握用双面水准尺进行四等水准测量的观测、记录数据与计算的方法。

(2)熟悉四等水准测量的主要技术指标,掌握测站以及线路的检核方法。

## 二、学时与设备

(1)实验学时数为 4 学时,每实验小组 4～5 人。

(2)实验设备为 DS3 自动安平水准仪 1 台、脚架 1 个、双面水准尺 1 对(一根尺常数为 4787,另一根为4687)、记录本 1 个、尺垫 2 个、测伞 1 把。

## 三、方法与步骤

(1)由教师指定一已知水准点,选定一条闭合水准路线,其长度以安置 8 个测站为宜。一人观测,一人记录,两人立尺,施测两个测站后应轮换工种。

(2)四等水准测量测站观测程序如下:

①照准后视标尺黑面,读取上丝、下丝、中丝读数;

②照准前视标尺黑面,读取上丝、下丝、中丝读数;

③照准前视标尺红面,读取中丝读数;

④照准后视标尺红面,读取中丝读数。

这种观测顺序简称为“后前前后”(黑黑红红)。

四等水准测量每站观测顺序也可以采用“后后前前”(黑红黑红)的观测程序。

(3)测站的记录与计算。

按照附表 2-2 表头所标顺序(1)～(8)记录各个读数,然后按(9)～(18)的顺序进行计算,并对各项指标进行检核,看其是否满足限差要求,水准测量的主要技术指标见表 2-1。

**表 2-1　水准测量的主要技术指标**

<table>
<tr><th rowspan="2">等级</th><th rowspan="2">每千米高差全中误差(mm)</th><th rowspan="2">路线长度(km)</th><th rowspan="2">水准仪的型号</th><th rowspan="2">水准尺</th><th colspan="2">观测次数</th><th colspan="2">往返较差、附合或环线闭合差</th></tr>
<tr><th>与已知点联测</th><th>附合或环线</th><th>平地(mm)</th><th>山地(mm)</th></tr>
<tr><td>二等</td><td>2</td><td>-</td><td>DS1</td><td>铟瓦</td><td>往返各一次</td><td>往返各一次</td><td>$4\sqrt{L}$</td><td>—</td></tr>
<tr><td rowspan="2">三等</td><td rowspan="2">6</td><td rowspan="2">≤50</td><td>DS1</td><td>铟瓦</td><td rowspan="2">往返各一次</td><td>往一次</td><td rowspan="2">$12\sqrt{L}$</td><td rowspan="2">$4\sqrt{n}$</td></tr>
<tr><td>DS3</td><td>双面</td><td>往返各一次</td></tr>
<tr><td>四等</td><td>10</td><td>≤16</td><td>DS3</td><td>双面</td><td>往返各一次</td><td>往一次</td><td>$20\sqrt{L}$</td><td>$6\sqrt{n}$</td></tr>
<tr><td>五等</td><td>15</td><td>—</td><td>DS3</td><td>单面</td><td>往返各一次</td><td>往一次</td><td>$40\sqrt{L}$</td><td>—</td></tr>
</table>

后视距离(12)=[(1)-(2)]×100；

前视距离(13)=[(5)-(6)]×100；

前、后视距差(14)=(12)-(13)；

前、后视距累积差(15)=上站的(15)+本站(14)；

前视尺黑红面读数差(9)=K前+(4)-(7)；

后视尺黑红面读数差(10)=K后+(3)-(8)；

黑面所测高差(16)=(3)-(4)；

红面所测高差(17)=(8)-(7)；

黑、红面所测高差之差(11)=(10)-(9)=(16)-(17)±100；

平均高差(18)=[(16)+(17)±100]/2=(16)。

## 四、注意事项

(1)严守作业规定,不合要求者应自觉返工重测。

(2)小组成员的工种轮换应做到使每人都能担任到每一项工作。

(3)一测段内测站数应为偶数。用步测使前后视距距离大致相等,在施测过程中,注意调整前后视距距离,使前后视累积差不致超限。

(4)各项检查合格,水准路线高差闭合差在允许范围内方可收测。

# 第三章　全站仪的认识及距离测量

## 实验 3－1　一般钢尺量距

### 一、实验目的与要求

(1)练习量距的基本动作,掌握量距的要领与计算方法。

(2)掌握用花杆定直线的方法。

(3)本次实验要求距离丈量的相对误差不大于 1/2 000。

### 二、学时与设备

(1)实验学时数为 2 学时,每组 4 人。

(2)实验设备为:30 m 钢尺一把,花杆 3 根,测钎 4 根,记录板 1 块。

### 三、实验方法与步骤

#### 1. 钢尺量距的基本知识介绍

(1)量距工具。钢尺量距工具简单,是工程测量中最常用的一种距离测量方法,按照精度要求不同又分为一般方法和精密方法。钢尺也称钢卷尺,宽为 1 ~ 1. 5 cm,长度有 20 m,30 m,50 m 等几种。有的以 cm 为基本划分,适用于一般量距;有的也以 cm 为基本划分,但尺端第一分米内有 mm 划分;更有的以 mm 为基本划分;后两种适用于较精密的丈量。丈量的其他工具有测钎、垂球、标杆等。较精密的丈量还需弹簧秤和温度计。

(2)直线定线。水平距离测量时,当地面上两点间的距离超过一整尺长时,或地势起伏较大,一尺段无法完成丈量工作时,需要在两点的连线上标定出若干个点,这项工作称为直线定线。按精度要求的不同,直线定线有目估定线和经纬仪定线两种方法。指导教师现场演示目估法直线定线。

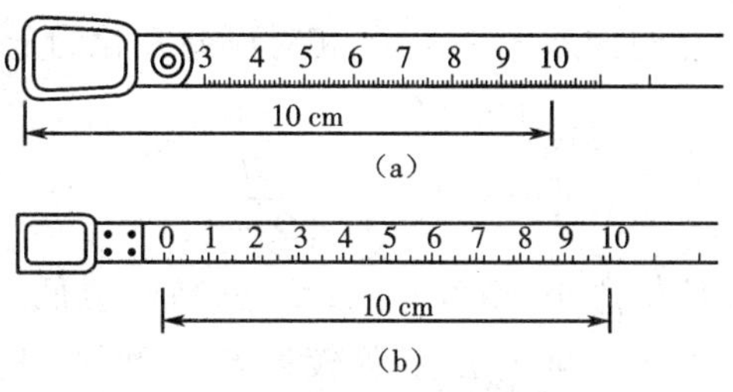


图 3-1　钢尺尺端分划示意图

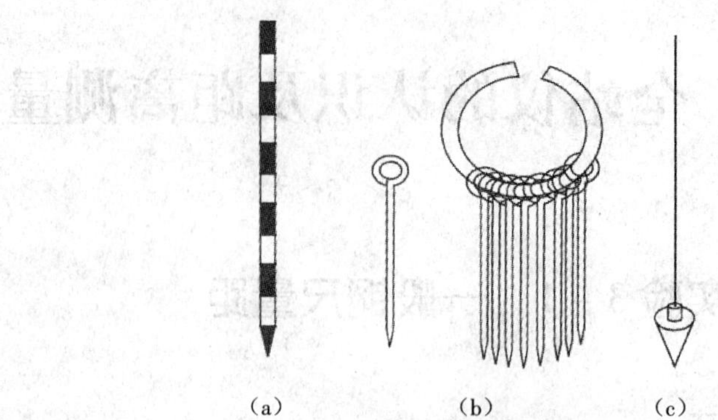

图 3-2 钢尺量距辅助设备

(a)花杆 (b)测钎 (c)捶球

(3)一般钢尺量距原理。$A$,$B$ 两点间的水平距离可用式(3-1)表示,即整尺段数与名义尺长的乘积加上不足一尺长的余长。为了防止丈量错误和提高精度,进行返测。

$$D_{AB}=nl+q, \tag{3-1}$$

式中 $n$—整尺段数(即在 $A$,$B$ 两点之间所拔测钎数);

$l$—钢尺长度(m);

$q$—不足一整尺的余长(m)。

**2. 平量法钢尺量距的基本步骤**

(1)在较平坦的地面上标定出相距 80 ~ 100 米的 $A$,$B$ 两点。

(2)用目估法进行直线定线边测量,并用测钎桩定好各测段。

(3)距离丈量:

往测:后尺手持钢尺零点端对准 $A$ 点,前尺手持尺盒和一个花杆向 $AB$ 方向前进,至一尺段钢尺全部拉出时停下,由后尺手根据 $A$ 点的标杆指挥前尺手将钢尺定向,前、后尺手拉紧钢尺,由前尺手喊"预备",后尺手对准零点后喊"好",前尺手在整 30 m 处记下标志,完成一尺段的丈量,依次向前丈量各整尺段;到最后一段不足一尺段时为余长,后尺手对准零点后,前尺手在尺上根据 $B$ 点测钎读数(读至 mm);记录者在丈量过程中在钢尺量距记录表上记下整尺段数及余长,得往测总长。

返测:由 $B$ 点向 $A$ 点用同样方法丈量。

(4)根据往测和返测的总长计算往返差数、相对精度,最后取往、返总长的平均数作为 $A$,$B$ 的距离。量距精度通常用相对误差 $K$ 来衡量,相对误差 $K$ 化为分子为 1 的分数形式。即

$$K=\frac{|D_f-D_b|}{D_{av}}=\frac{1}{\dfrac{D_{av}}{|D_f-D_b|}}。 \tag{3-2}$$

相对误差分母愈大,则 $K$ 值愈小,精度愈高;反之,精度愈低。在平坦地区,钢尺量距一般方法的相对误差应不大于 1/2 000;在量距较困难的地区,其相对误差通常也不应大于1/1 000。

## 四、注意事项

(1)钢尺量距的原理简单,但在操作上容易出错,要做到三清:零点看清(尺子零点不一定在尺端,有些尺子零点前还有一段分划);读数认清(尺上读数要认清 m,dm,cm 的注字和 mm 的分划数);尺段记清(尺段较多时,容易发生少记一个尺段的错误)。

(2)钢尺容易损坏,为维护钢尺,应做到四不:不扭,不折,不压,不拖。用毕要擦净后才可卷入尺壳内。

(3)钢尺量距时,先量取整尺段,最后量取余长。

(4)钢尺往、返丈量的相对精度应高于 1/2 000,则取往、返平均值作为该直线的水平距离,否则重新丈量。

(5)每位同学独立完成各自的实验报告。实验报告的填写要求字迹工整、清晰,不得涂改。如果发生书写错误,请用双实线段将错误之处划去,并在其边上将正确的文字或者数字补上。各组长将本组组员的实验报告收齐后附在任务书后,统一上交给指导老师。

# 实验 3－2　全站仪的认识和距离测量

## 一、实验目的与要求

(1)理解光电测距原理。

(2)认识全站仪的构造及各部件功能。

(3)掌握全站仪设置和基本操作方法。

(4)掌握使用全站仪进行距离测量的基本技能。

## 二、学时与设备

(1)实验学时数为 2 学时,每实验小组 4 人。

(2)实验设备为全站仪 1 台,棱镜组 1 套,脚架 1 个,对中杆 1 个,记录板 1 块,小钢尺 1 把,铅笔 1 只。

## 三、方法与步骤

### 1. 光电测距的基本知识

光电测距的原理是以电磁波(光波等)作为载波,通过测定光波在测线两端点间的往返传播时间,以及光波在大气中的传播速度 $c$ 来测量两点间距离的方法。若电磁波在测线两端往返传播的时间为 $t_{2D}$,光波在大气中的传播速度为 $c$,则可求出两点间的水平距离 $D$。

$$D=\frac{1}{2}c\times t_{2D}, \tag{3-3}$$

式中　$c$——光波在大气中的传播速度。

$t_{2D}$——光波在被测两端点间往返传播一次所用的时间(s)。光电测距仪根据测定光波传播时间不同的方法,可分为脉冲式和相位式两种。

2. **全站仪的基本知识**

随着科学技术的发展,出现了由电子测角、电子测距、电子计算和数据存储等单元组成的三维坐标测量系统,它是能自动显示测量结果,能与外围设备交换信息的多功能测量仪器。由于仪器较完善地实现了测量和处理过程的电子一体化,所以人们通常称之为全站型电子速测仪,简称全站仪(Electronic Tachometer Total Station)。

全站仪主要包含角度测量和距离测量两个系统,基本功能是测量水平角、竖直角和斜距。借助于机载程序,全站仪可以组成多种测量功能,如计算并显示平距、高差及镜站点的三维坐标,同时还可以独立完成如偏心测量、悬高测量、对边测量、后方交会、面积计算等特殊测量模式。智能型全站仪(也称测量机器人)还可以完成远程控制与独立观测的功能。全站仪距离测量的基本原理是通过光波在待测距离上往返一次所经历的时间来确定两点之间的距离。

3. **认识全站仪**

(1)在实验场地指定的测站上安置全站仪,仔细进行对中和整平操作。

(2)在据测站 30 ~ 50 m 的范围内,分别用脚架和对中杆安置棱镜,仔细进行对中和整平,且将棱镜反射面对准仪器方向。

(3)在测站上练习使用全站仪各个螺旋及功能键。

①仪器安置完成后,对照参考书认识仪器构造及各部件名称,用仪器上的粗瞄十字丝大致照准目标棱镜,锁定水平制动螺旋和竖直制动螺旋。

②调整望远镜目镜调焦螺旋和物镜调焦螺旋,消除仪器照准视差,使棱镜成像清晰。

③利用水平微动螺旋和竖直微动螺旋,将仪器十字丝中心精确照准棱镜中心。练习使用仪器面板上的各功能操作键。

## 四、南方 NTS - 660 系列全站仪

1. **全站仪各部件名称**

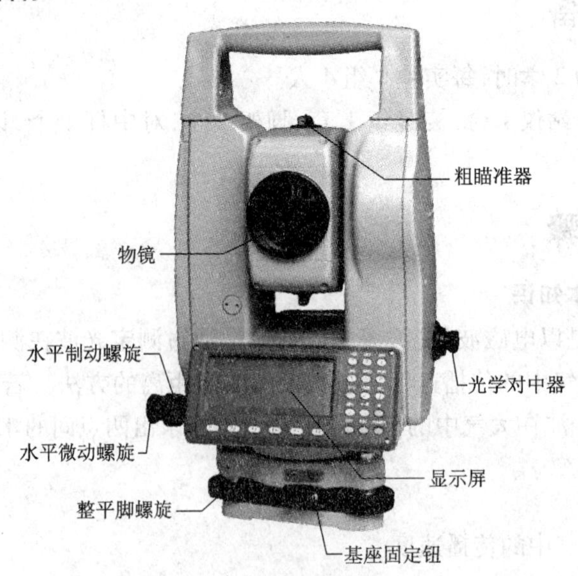


**图 3-4 全站仪各部件名称**

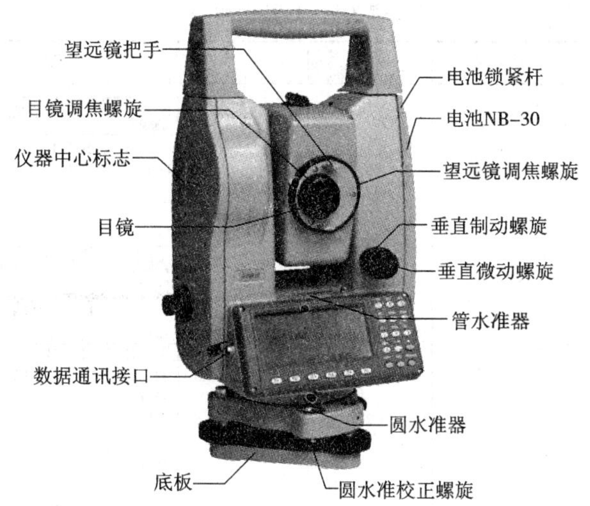


**图 3-5　全站仪各部件名称**

**2. 显示屏**

一般上面几行显示观测数据，底行显示软键功能，它随测量模式的不同而变化。

(1)对比度，利用星键(★)可调整显示屏的对比度和亮度。

(2)示例。如图 3-6 所示。

角度测量模式

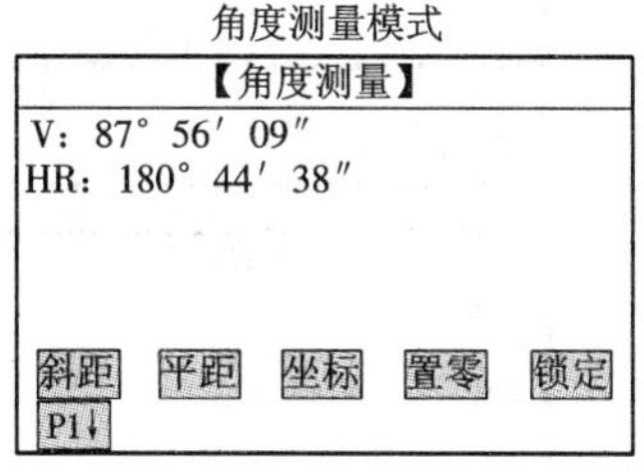


垂直角　(V)：87° 56′ 09″

垂直角 (V)：87° 56′ 09″

水平角 (HR)：180° 44′ 38″

距离测量模式

【斜距测量】

V：87° 56′ 09″

HR：180° 44′ 38″

SD:　　12. 345

30　　PSM

0　　PPM

(m)

F. R

斜距　平距　坐标　置零　锁定

P1↓

水平角 (HR)：180° 44′ 38″

斜　距 (SD)：12. 345m

**图 3-6　测量模式和切换**

**3. 全站仪测距**

(1)在已经安置好仪器和架设好仪器的基础上，设置反体类型和棱镜常数。

(2)进入测量模式仪器就会按设置的次数进行距离测量并显示出平均距离值。若预置次数为 1，则由于是单次观测，故不显示平均距离。本次试验选择单次观测。确认在角度测量模式下进行距离测量。

表 3-1 测量操作

| 操作步骤 | 按键 | 显示 |
|---|---|---|
| ①按[F1](斜距)键或[F2](平距)键 | [F1]或[F2] | 【角度测量】<br>V: 87° 56′ 09″<br>HR: 120° 44′ 38″<br>斜距 平距 坐标 置零 锁定<br>P1↓<br>【平距测量】<br>V: 87° 56′ 09″<br>HR: 120° 44′ 38″<br>HD: <<br>VD: PSM<br>30<br>PPM 0<br>(m)<br>*F.R<br>测量 模式 角度 斜距 坐标<br>P1↓<br>记录 放样 均值 m/ft<br>P2↓ |
| ②按[F6](P1↓)键,进入第2页功能;<br>③按[F3](均值)键,输入观测次数; | [F6]<br>[F3]<br>[3] | 【 测量次数 】<br>N: 3<br>退出<br>左移 |
| ④按[ENT]键,进行N次观测。 | [ENT] | 【平距测量】<br>V : 87° 56′ 09″<br>HR 120° 44′ 38″<br>HD: <<br>VD: PSM<br>30<br>PPM 0<br>(m)<br>•F.R<br>记录 放样 均值 m/ft<br>P2↓ |

(3)瞄准目标棱镜按[F2]键启动距离测量,即可显示仪器中心至棱镜之间的斜距、平距和高差。若要测量两地之间的高差,需要量取仪器高和棱镜高。

## 五、注意事项

(1)全站仪使用时必须严格遵守操作规程,爱护仪器。

(2)仪器对中完成后,应检查连接螺旋是否使仪器与脚架牢固连接,以防仪器摔落。

(3)在阳光下使用全站仪测量时,一定要撑伞遮掩仪器,严禁用望远镜正对阳光。

(4)当电池电量不足时,应立即结束操作,更换电池。

(5)迁站时,即使距离很近,也必须取下全站仪装箱搬运,并注意防震。

(6)部分全站仪因开机方式不同,观测前需要对仪器初始化,即仪器对中、整平后,打开仪器开关,照准部水平旋转 3 ~4 周,望远镜在垂直面内转 3 ~4 周。

(7)测距显示的高差仅指横轴中心与目标棱镜之间的高差,而不是测点与站点之间的高差。

附

# 建筑测量实验报告册

专　　业______________________

班　　级______________________

小　　组______________________

姓　　名______________________

指导教师______________________

________年____月____日

# 测量资料记录规则

1. 实验记录直接填写在规定的表格中，不得先用纸记录，再行转抄。

2. 记录和计算须用 H、2H 铅笔、黑色碳素钢笔或黑色中性签字笔书写，不得使用上述规定之外的笔（如圆珠笔、红/蓝色钢笔）书写。

3. 字体应端正清晰，书写在规定的格子内，上部应留有适当空隙，作错误更正之用。

4. 写错的数字用横线端正地划去，在原字上方写出正确数字。严禁在原字上涂改或用橡皮擦拭挖补。

5. 禁止连续更改数字，例如改了观测数据，又改其平均数。观测的尾数原则上不得改变，如角度的分秒值，水准和距离的厘米、毫米数。

6. 记录的数字应该齐全，如水准中的 0234 或 3100，角度的 3°04′10″或 3°04′00″，数字“0”不得随便省略。

7. 当一人观测由另一人记录时，记录者应将所记数字汇报给观测者，以防听错记错。

8. 记录应该保持清洁整齐，所有应填写的项目都应填写齐全。

# 数据记录手簿

**附表 1-1　测回法观测水平角记录**

仪器________　天气________　班级________　观测者________

成像________　日期________　小组________　记录者________

| 测站 | 竖盘位置 | 目标 | 水平度盘读数 | 半测回角值 | 一测回平均角值 | 备注 |
|---|---|---|---|---|---|---|
|  | 左 |  |  |  |  |  |
|  |  |  |  |  |  |  |
|  | 右 |  |  |  |  |  |
|  |  |  |  |  |  |  |
|  | 左 |  |  |  |  |  |
|  |  |  |  |  |  |  |
|  | 右 |  |  |  |  |  |
|  |  |  |  |  |  |  |
|  | 左 |  |  |  |  |  |
|  |  |  |  |  |  |  |
|  | 右 |  |  |  |  |  |
|  |  |  |  |  |  |  |
|  | 左 |  |  |  |  |  |
|  |  |  |  |  |  |  |
|  | 右 |  |  |  |  |  |
|  |  |  |  |  |  |  |
|  | 左 |  |  |  |  |  |
|  |  |  |  |  |  |  |
|  | 右 |  |  |  |  |  |
|  |  |  |  |  |  |  |

**附表 1-2　竖直角观测记录**

仪器__________ 天气__________ 班级__________ 观测者__________

成像__________ 日期__________ 小组__________ 记录者__________

| 测站 | 目标 | 竖盘位置 | 竖盘读数 | 半测回竖直角 | 指标差 | 一测回竖直角 | 备注 |
|---|---|---|---|---|---|---|---|
| | | | ° ′ ″ | ° ′ ″ | ′ ″ | ° ′ ″ | |
| | | 左 | | | | | |
| | | 右 | | | | | |
| | | 左 | | | | | |
| | | 右 | | | | | |
| | | 左 | | | | | |
| | | 右 | | | | | |
| | | 左 | | | | | |
| | | 右 | | | | | |
| | | 左 | | | | | |
| | | 右 | | | | | |
| | | 左 | | | | | |
| | | 右 | | | | | |
| | | 左 | | | | | |
| | | 右 | | | | | |
| | | 左 | | | | | |
| | | 右 | | | | | |
| | | 左 | | | | | |
| | | 右 | | | | | |
| | | 左 | | | | | |
| | | 右 | | | | | |
| | | 左 | | | | | |
| | | 右 | | | | | |
| | | 左 | | | | | |
| | | 右 | | | | | |

**附表 1-3 方向法观测水平角记录**

仪器__________ 天气__________ 班级__________ 观测者__________

成像__________ 日期__________ 小组__________ 记录者__________

| 测站 | 测回 | 目标 | 水平度盘读数 | | 2c | 平均读数 | 归零方向值 | 各测回平均归零方向值 | 备注 |
|---|---|---|---|---|---|---|---|---|---|
| | | | 盘左 | 盘右 | | | | | |
| | | | ° ′ ″ | ° ′ ″ | ″ | ° ′ ″ | ° ′ ″ | ° ′ ″ | |
| | | | | | | | | | |
| | | | | | | | | | |
| | | | | | | | | | |
| | | | | | | | | | |
| | | | | | | | | | |
| | | | | | | | | | |
| | | | | | | | | | |
| | | | | | | | | | |
| | | | | | | | | | |
| | | | | | | | | | |
| | | | | | | | | | |
| | | | | | | | | | |
| | | | | | | | | | |
| | | | | | | | | | |
| | | | | | | | | | |
| | | | | | | | | | |
| | | | | | | | | | |
| | | | | | | | | | |
| | | | | | | | | | |
| | | | | | | | | | |

**附表 2-1 普通水准测量**

测自________至________ 天气________ 观测者________

________年____月____日 成像________ 记录者________

| 测站 | 点号 | | 后视读数 $a$(mm) | 前视读数 $b$(mm) | 高差 h(m) | | 高程/m | 备注 |
|---|---|---|---|---|---|---|---|---|
| | | | | | + | − | | |
| | 后 | | | | | | | |
| | 前 | | | | | | | |
| | 后 | | | | | | | |
| | 前 | | | | | | | |
| | 后 | | | | | | | |
| | 前 | | | | | | | |
| | 后 | | | | | | | |
| | 前 | | | | | | | |
| | 后 | | | | | | | |
| | 前 | | | | | | | |
| | 后 | | | | | | | |
| | 前 | | | | | | | |
| | 后 | | | | | | | |
| | 前 | | | | | | | |
| | 后 | | | | | | | |
| | 前 | | | | | | | |
| | 后 | | | | | | | |
| | 前 | | | | | | | |
| $\sum$ | | | | | | | | |
| 检核 | $\sum a-\sum b=$<br>$\sum h=$ | | | | | | | |

**附表 2-2 四等水准测量记录**

测自______至______ 天气__________ 观测者__________

时间______K______ 成像__________ 记录者__________

仪器__________ 班组__________ 检查者__________

<table>
<tr><td rowspan="4">测站编号</td><td rowspan="2">后尺</td><td>上丝</td><td rowspan="2">前尺</td><td>上丝</td><td rowspan="4">方向及尺号</td><td colspan="2" rowspan="2">标尺读数</td><td rowspan="4">K+黑-红(mm)</td><td rowspan="4">高差中数(m)</td><td rowspan="4">备注</td></tr>
<tr><td>下丝</td><td>下丝</td></tr>
<tr><td colspan="2">后视距(m)</td><td colspan="2">前视距(m)</td><td rowspan="2">黑面(mm)</td><td rowspan="2">红面(mm)</td></tr>
<tr><td colspan="2">视距差 $d$(m)</td><td colspan="2">累积差 $\sum d$(m)</td></tr>
<tr><td rowspan="4"></td><td colspan="2">(1)</td><td colspan="2">(5)</td><td>后</td><td>(3)</td><td>(8)</td><td>(10)</td><td rowspan="4">(18)</td><td rowspan="4"></td></tr>
<tr><td colspan="2">(2)</td><td colspan="2">(6)</td><td>前</td><td>(4)</td><td>(7)</td><td>(9)</td></tr>
<tr><td colspan="2">(12)</td><td colspan="2">(13)</td><td>后-前</td><td>(16)</td><td>(17)</td><td>(11)</td></tr>
<tr><td colspan="2">(14)</td><td colspan="2">(15)</td><td colspan="4"></td></tr>
<tr><td rowspan="4"></td><td colspan="2"></td><td colspan="2"></td><td>后</td><td></td><td></td><td></td><td rowspan="4"></td><td rowspan="4"></td></tr>
<tr><td colspan="2"></td><td colspan="2"></td><td>前</td><td></td><td></td><td></td></tr>
<tr><td colspan="2"></td><td colspan="2"></td><td>后-前</td><td></td><td></td><td></td></tr>
<tr><td colspan="2"></td><td colspan="2"></td><td colspan="4"></td></tr>
<tr><td rowspan="4"></td><td colspan="2"></td><td colspan="2"></td><td>后</td><td></td><td></td><td></td><td rowspan="4"></td><td rowspan="4"></td></tr>
<tr><td colspan="2"></td><td colspan="2"></td><td>前</td><td></td><td></td><td></td></tr>
<tr><td colspan="2"></td><td colspan="2"></td><td>后-前</td><td></td><td></td><td></td></tr>
<tr><td colspan="2"></td><td colspan="2"></td><td colspan="4"></td></tr>
<tr><td rowspan="4"></td><td colspan="2"></td><td colspan="2"></td><td>后</td><td></td><td></td><td></td><td rowspan="4"></td><td rowspan="4"></td></tr>
<tr><td colspan="2"></td><td colspan="2"></td><td>前</td><td></td><td></td><td></td></tr>
<tr><td colspan="2"></td><td colspan="2"></td><td>后-前</td><td></td><td></td><td></td></tr>
<tr><td colspan="2"></td><td colspan="2"></td><td colspan="4"></td></tr>
<tr><td rowspan="4"></td><td colspan="2"></td><td colspan="2"></td><td>后</td><td></td><td></td><td></td><td rowspan="4"></td><td rowspan="4"></td></tr>
<tr><td colspan="2"></td><td colspan="2"></td><td>前</td><td></td><td></td><td></td></tr>
<tr><td colspan="2"></td><td colspan="2"></td><td>后-前</td><td></td><td></td><td></td></tr>
<tr><td colspan="2"></td><td colspan="2"></td><td colspan="4"></td></tr>
<tr><td rowspan="4"></td><td colspan="2"></td><td colspan="2"></td><td>后</td><td></td><td></td><td></td><td rowspan="4"></td><td rowspan="4"></td></tr>
<tr><td colspan="2"></td><td colspan="2"></td><td>前</td><td></td><td></td><td></td></tr>
<tr><td colspan="2"></td><td colspan="2"></td><td>后-前</td><td></td><td></td><td></td></tr>
<tr><td colspan="2"></td><td colspan="2"></td><td colspan="4"></td></tr>
<tr><td rowspan="4"></td><td colspan="2"></td><td colspan="2"></td><td>后</td><td></td><td></td><td></td><td rowspan="4"></td><td rowspan="4"></td></tr>
<tr><td colspan="2"></td><td colspan="2"></td><td>前</td><td></td><td></td><td></td></tr>
<tr><td colspan="2"></td><td colspan="2"></td><td>后-前</td><td></td><td></td><td></td></tr>
<tr><td colspan="2"></td><td colspan="2"></td><td colspan="4"></td></tr>
</table>

续表

<table>
<tr><td rowspan="4">测站编号</td><td rowspan="2">后尺</td><td>上丝</td><td rowspan="2">前尺</td><td>上丝</td><td rowspan="4">方向及尺号</td><td colspan="2" rowspan="2">标尺读数</td><td rowspan="4">K＋黑－红(mm)</td><td rowspan="4">高差中数(m)</td><td rowspan="4">备注</td></tr>
<tr><td>下丝</td><td>下丝</td></tr>
<tr><td colspan="2">后视距(m)</td><td colspan="2">前视距(m)</td><td rowspan="2">黑面(mm)</td><td rowspan="2">红面(mm)</td></tr>
<tr><td colspan="2">视距差 $d$(m)</td><td colspan="2">累积差 $\sum d$(m)</td></tr>
<tr><td rowspan="4"></td><td colspan="2"></td><td colspan="2"></td><td>后</td><td></td><td></td><td></td><td rowspan="16"></td><td rowspan="16"></td></tr>
<tr><td colspan="2"></td><td colspan="2"></td><td>前</td><td></td><td></td><td></td></tr>
<tr><td colspan="2"></td><td colspan="2"></td><td>后－前</td><td></td><td></td><td></td></tr>
<tr><td colspan="2"></td><td colspan="2"></td><td colspan="4"></td></tr>
<tr><td rowspan="4"></td><td colspan="2"></td><td colspan="2"></td><td>后</td><td></td><td></td><td></td></tr>
<tr><td colspan="2"></td><td colspan="2"></td><td>前</td><td></td><td></td><td></td></tr>
<tr><td colspan="2"></td><td colspan="2"></td><td>后－前</td><td></td><td></td><td></td></tr>
<tr><td colspan="2"></td><td colspan="2"></td><td colspan="4"></td></tr>
<tr><td rowspan="4"></td><td colspan="2"></td><td colspan="2"></td><td>后</td><td></td><td></td><td></td></tr>
<tr><td colspan="2"></td><td colspan="2"></td><td>前</td><td></td><td></td><td></td></tr>
<tr><td colspan="2"></td><td colspan="2"></td><td>后－前</td><td></td><td></td><td></td></tr>
<tr><td colspan="2"></td><td colspan="2"></td><td colspan="4"></td></tr>
<tr><td rowspan="4"></td><td colspan="2"></td><td colspan="2"></td><td>后</td><td></td><td></td><td></td></tr>
<tr><td colspan="2"></td><td colspan="2"></td><td>前</td><td></td><td></td><td></td></tr>
<tr><td colspan="2"></td><td colspan="2"></td><td>后－前</td><td></td><td></td><td></td></tr>
<tr><td colspan="2"></td><td colspan="2"></td><td colspan="4"></td></tr>
<tr><td>$\sum$</td><td colspan="2"></td><td colspan="2"></td><td></td><td colspan="2"></td><td></td><td></td><td></td></tr>
<tr><td>辅助计算</td><td colspan="9"></td><td></td></tr>
</table>

**附表 3-1　平坦地面的距离丈量**

前尺手:____________　　　　后尺手:____________

记录/计算:____________　　　　辅助人员:____________

| 直线编号 | 方向 | 整尺段数/n | 余尺段长/m | 全长/m | 往返平均/m | 相对误差 |
|---|---|---|---|---|---|---|
| | | | | | | |
| | | | | | | |
| | | | | | | |
| | | | | | | |
| | | | | | | |
| | | | | | | |
| | | | | | | |
| | | | | | | |
| | | | | | | |
| | | | | | | |
| | | | | | | |
| | | | | | | |
| | | | | | | |
| | | | | | | |
| | | | | | | |
| | | | | | | |
| | | | | | | |
| | | | | | | |

**附表 3-2　全站仪观测记录表**

仪器型号__________　天　气__________　时　间__________

班　　组__________　观测者__________　记录者__________

| 测站<br>仪器高 | 目标<br>棱镜高 | 竖盘<br>位置 | 水平角观测 | | 竖角观测 | | 距离测量 | | |
|---|---|---|---|---|---|---|---|---|---|
| | | | 水平度盘读数 | 方向值 | 竖盘读数 | 竖角值 | 斜距/m | 平距/m | 垂距/m |
| | | | ° ′ ″ | ° ′ ″ | ° ′ ″ | ° ′ ″ | | | |
| | | | | | | | | | |
| | | | | | | | | | |
| | | | | | | | | | |
| | | | | | | | | | |
| | | | | | | | | | |
| | | | | | | | | | |
| | | | | | | | | | |
| | | | | | | | | | |
| | | | | | | | | | |
| | | | | | | | | | |
| | | | | | | | | | |
| | | | | | | | | | |
| | | | | | | | | | |
| | | | | | | | | | |
| | | | | | | | | | |
| | | | | | | | | | |
| | | | | | | | | | |
| | | | | | | | | | |
| | | | | | | | | | |
| | | | | | | | | | |

**附表 4-1 距离测设记录表**

仪器__________ 天气__________ 班级__________ 观测者__________

成像__________ 日期__________ 小组__________ 记录者__________

| 待放样距离 | dHD | 复测距离 | 备注 |
|---|---|---|---|
| | | | |
| | | | |
| | | | |
| | | | |
| | | | |
| | | | |
| | | | |
| | | | |
| | | | |
| | | | |
| | | | |
| | | | |
| | | | |
| | | | |

**附表 4-2 角度测设记录表**

仪器__________ 天气__________ 班级__________ 观测者__________

成像__________ 日期__________ 小组__________ 记录者__________

| 目标 | 待放样角度 | 复测角度值 | 备注 |
|---|---|---|---|
| | | | |
| | | | |
| | | | |
| | | | |
| | | | |
| | | | |
| | | | |
| | | | |
| | | | |
| | | | |
| | | | |
| | | | |
| | | | |
| | | | |

## 附表 4-3 测设已知高程点外业记录表

观测者:__________ 记录者:__________ 前视尺:__________ 后视尺:__________

| | | |
|---|---|---|
| 高程测设 | $BM_A$ 点高程 $H_A$ = | |
| | $BM_B$ 点高程 $H_B$ = | |
| | 后视读数 $a$ = | |
| | 前视读数 $b$ = | |
| | | |

| | | |
|---|---|---|
| 高程测设 | $BM_A$ 点高程 $H_A$ = | |
| | $BM_B$ 点高程 $H_B$ = | |
| | 后视读数 $a$ = | |
| | 前视读数 $b$ = | |
| | | |

| | | |
|---|---|---|
| 高程测设 | $BM_A$ 点高程 $H_A$ = | |
| | $BM_B$ 点高程 $H_B$ = | |
| | 后视读数 $a$ = | |
| | 前视读数 $b$ = | |
| | | |

# 第二篇　理论部分

# 第四章　建筑工程测量基础知识

## 第一节　地形图基础知识

地物:地面上所有有明显轮廓的,固定性的,自然或人工建筑的物体(如:房屋、道路、河流、田野、森林等)。

地貌:地面的高低起伏、凹凸不平的自然形态状态(如:高山、丘陵、平原、洼地等)。

地形图是将地表的地物和地貌经综合取舍,按比例缩小后用规定的符号和一定的表示方法描绘在图纸上的正形投影图,如图 4-1 所示。

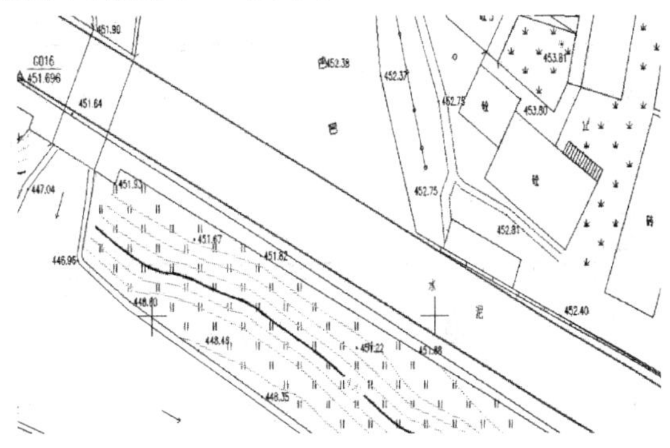

**图 4-1　城市地形图**

图 4-1 上仅表示地物,而无等高线表示的地貌时,也称平面图或地物图,如图 4-2 所示。

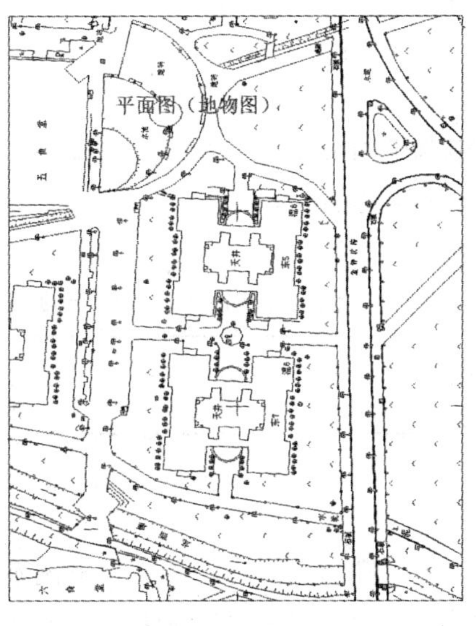


**图 4-2　平面图**

## 一、地形图比例尺

地形图比例尺指在地形图上量测的任意一段图上距离与它的实地距离之比。地形图比例尺既决定了地形图图上距离与实地距离的换算关系，又决定了地形图的精度与详细程度。比例尺越大的地形图，精度越高，内容也越详细，但一幅图所代表的实地面积也愈小，并且测绘的工作量会成倍增加。

地形图比例尺可分为数字比例尺、文字比例尺及图解比例尺。

数字比例尺以分数的形式表示，如1∶500，1∶2 000，1∶5 000 等；它们也可以写成1/500，1/2 000，1/5 000 等。

文字比例尺是以文字叙述的形式表示，如两千分之一、五千分之一、一万分之一等；或者写成"图上 1 厘米等于实地 50 米，图上 1 厘米等于实地 1 千米等。

常见的图解比例尺为直线比例尺。如图 4-3 所示，以 1 厘米为单位将线段分成若干格，分界处标明实际长度，表示 1 厘米代表的实际长度是多少。

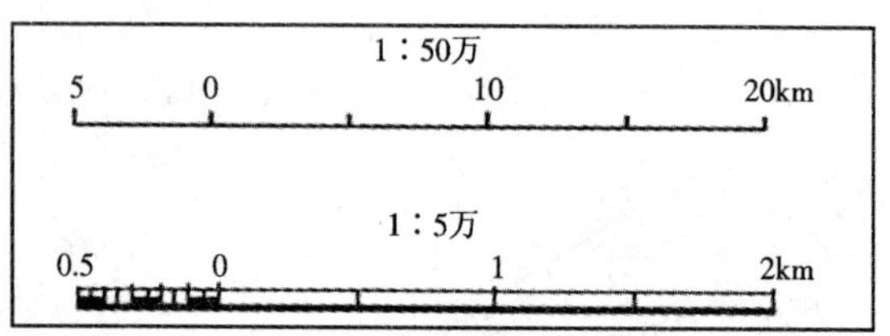


图 4-3 直线比例尺

**1. 比例尺的分类和大小**

比例尺按尺度分类可以分为大比例、中比例尺、小比例尺。

大比例尺地形图：1∶500 > 1∶1 000 > 1∶2 000 > 1∶5 000

中比例尺地形图：1∶1万 > 1∶2.5 万 > 1∶5万 > 1∶10 万

小比例尺地形图：1∶20 万 > 1∶50 万 > 1∶100 万

**2. 比例尺的精度**

受人眼判断力限制，我们能判别的最短图上距离为 0.1 mm，所以图上 0.1 mm 所代表的实地长度称为比例尺精度。如表 4-1 所示。

表 4-1 各比例尺对应的比例尺精度

| 比例尺 | 1∶500 | 1∶1 000 | 1∶2 000 | 1∶5 000 | 1∶10 000 |
|---|---|---|---|---|---|
| 比例尺精度（cm） | 5 | 10 | 20 | 50 | 100 |

**3. 地形图比例尺的选用**

用途不同，选用的比例尺也不一样（见表 4-2），根据地形图不同的运用选用合适的比例尺对工程建设来说是至关重要的，它能为工程的顺利施建大大节约时间及成本。

表 4-2　不同比例尺的用途

| 比例尺 | 用途 |
|---|---|
| 1:10 000 | 城市总体规划、厂址选择、区域布置、方案比较 |
| 1:5 000 | |
| 1:2 000 | 城市详细规划及工程项目初步设计 |
| 1:1 000 | 建筑设计、城市详细规划、工程施工图设计、竣工图 |
| 1:500 | |

## 二、地形图图式

地形图图式是由国家测绘局统一制定的地物、地貌符号的总称。

图式符号可以分为三类:地物符号、地貌符号和注记。

(1)地物符号(如图 4-4,部分地物符号)包括:

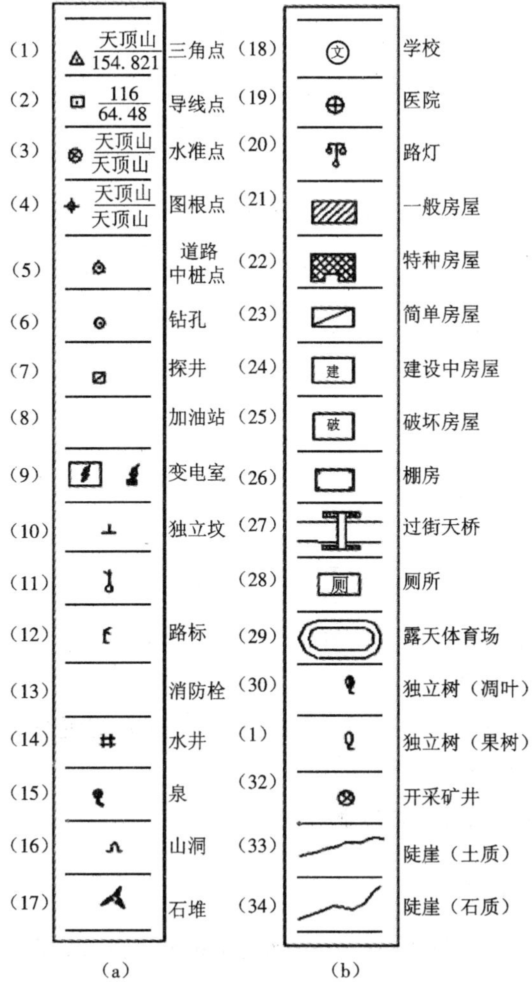


图 4-4　地物符号

（续图）

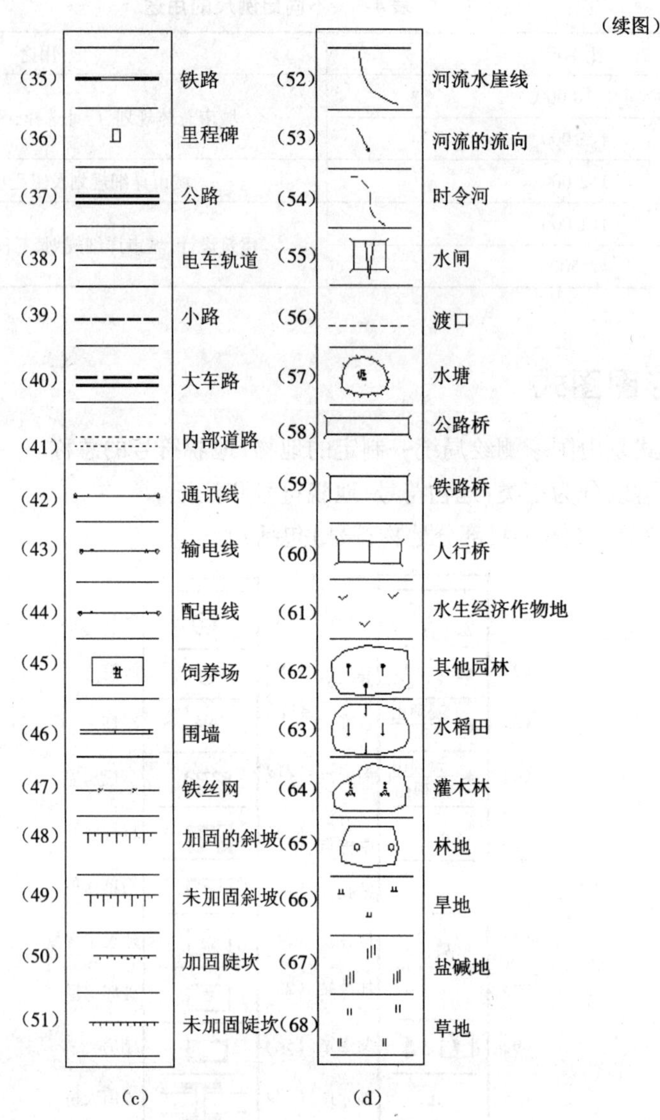


**续图 4-4 地物符号**

①比例符号：地物的轮廓大，其形状和大小都按比例缩小。

②非比例符号：地物的轮廓小，较为重要，不依比例尺缩小，用专用符号表示。

③半比例符号：也称线形符号，地物为带状，长度按比例、宽度不依比例缩小。

（2）地貌符号：主要指等高线。

（3）注记：用文字、数字对地形符号加以说明。

## 三、等高线的基本知识

等高线是地面上高程相等的相邻点所连接而成的闭合曲线（如图 4-5）。设想有一小山与水平面的交线为 70 m，即 70 m 的等高线；若水面不断升高到 80 m，则小山与水面的交线为 80 m 的等高线；以此类推，直到水面达到 100 m 的等高线。然后把这些实地的等高线沿铅垂线方向投影到水平面上,并按一定的比例尺缩放到图纸上,得到与实地形状相似的等高线。

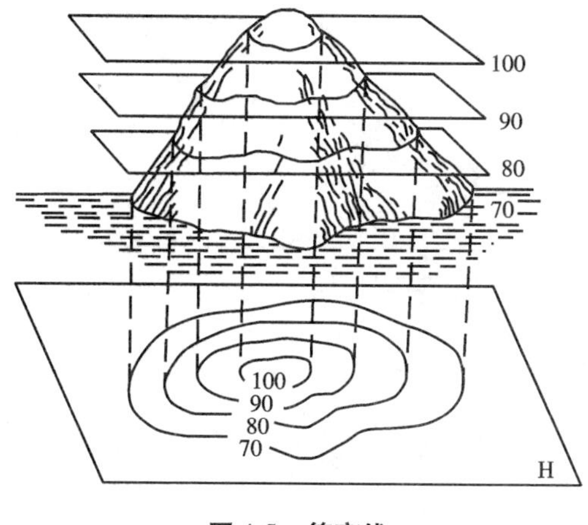


图 4-5　等高线

**1. 等高距**

相邻两等高线间的高差称为等高距,通常用 $h$ 表示,在同一幅地形图中各处的等高距应相等。相邻两等高距间的水平距离称为等高线平距,通常用 $d$ 表示,等高距与等高线平距之比为坡度,通常用 $i$ 表示。

基本等高距的大小需要根据测图比例尺和测区的地形来确定。基本等高距的选用可参照表 4-3 中的内容。

表 4-3　基本等高距表　(单位:m)

| 比例尺 | 地形类别 | | | |
|---|---|---|---|---|
| | 平地 | 丘陵地 | 山地 | 高山地 |
| 1:500 | 0.5 | 0.5 | 0.5 或 1.0 | 1.0 |
| 1:1 000 | 0.5 | 0.5 或 1.0 | 1.0 | 1.0 或 2.0 |
| 1:2 000 | 0.5 或 1.0 | 1.0 | 2.0 | 2.0 |

**2. 等高线分类**

等高线可以分为 4 类:首曲线、计曲线、间曲线和助曲线。

(1)首曲线:又称基本等高线,按测图规定的基本等高距勾绘的等高线(线粗 0.15 mm)。

(2)计曲线:将高程能被五倍基本等高距整除的等高线加粗(线粗 0.25 mm),并注记高程,便于读图。(高程注记:方向与等高线平行;字头向高处;排列向山顶)。

(3)间曲线:1/2 等高距,用长虚线表示。

(4)助曲线:1/4 等高距,用短虚线表示。

间曲线和助曲线可以局部加绘等高线,使地貌更详细。对于地形起伏不大的局部地区,加绘等高线能更好地反映出局部地形。

**3. 用等高线表示的几种典型地貌**

图 4-6 为等高线绘制图例,图 4-7 为山体的全貌。

图 4-6 等高线图例

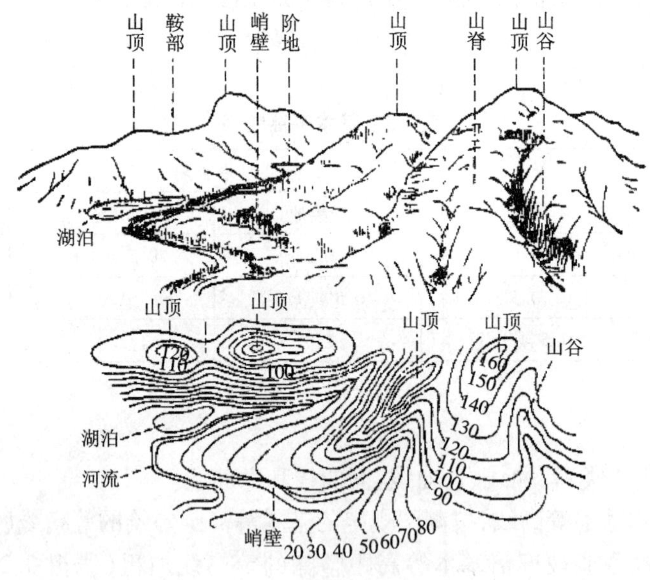


图 4-7 山体的全貌

(1)山头与洼地。

山头与洼地的地形相反,地貌图相似:山头的等高线向中心高程越高,洼地反之。示坡线指向低处,便于区分(如图 4-8、图 4-9 所示)。

(2)山脊与山谷。

山脊:向一个方向延伸的高地,其最高棱线称为山脊线(见图 4-10)。

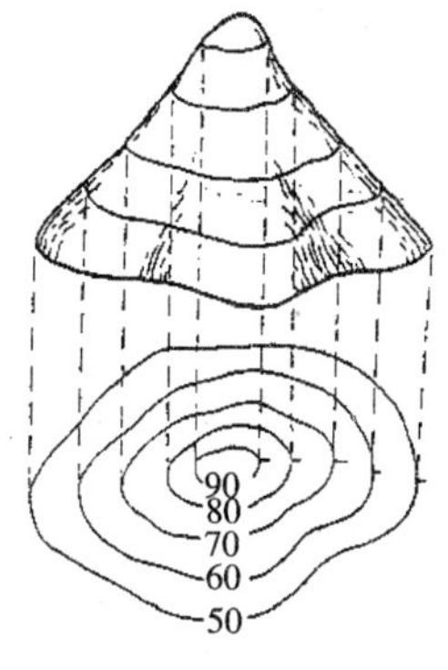


图 4-8　山头的等高线

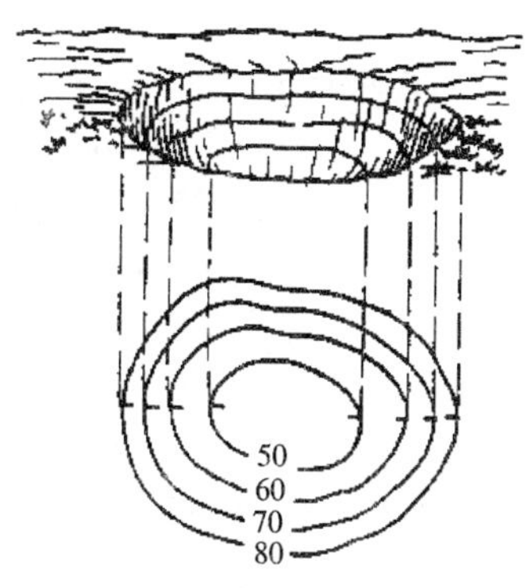


图 4-9　洼地的等高线

山谷:两个山脊之间的凹地为山谷,其最低点连线为山谷线(见图 4-11)。

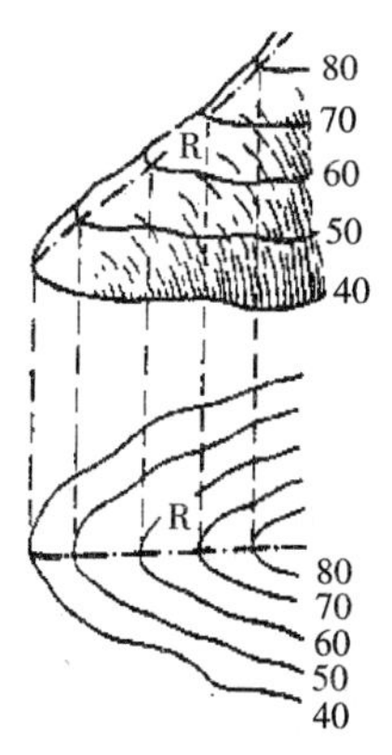


图 4-10　山脊的等高线

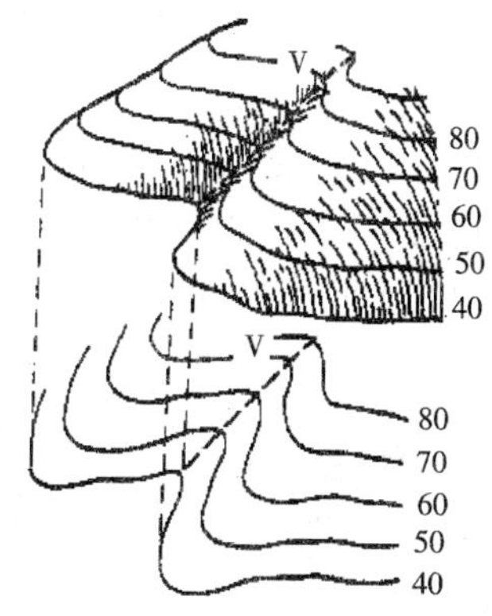


图 4-11　山谷的等高线

(3)分水线与集水线。

雨水垂直于等高线,向下坡方向流淌。因此,山脊线称为分水线、山谷线称为集水线。一系列山脊线可作为汇水范围的边界线(如图 1-12)。

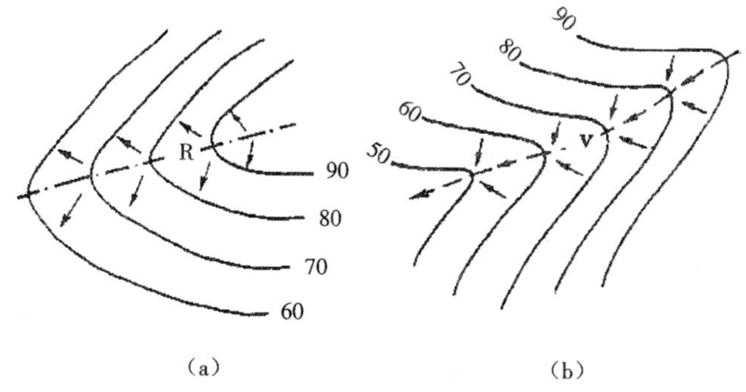


图 4-12　分水线和集水线

(4)鞍部。

鞍部:两个山头间的低凹处,一般也是两个山脊和两个山谷的会聚处(见图 4-13)。

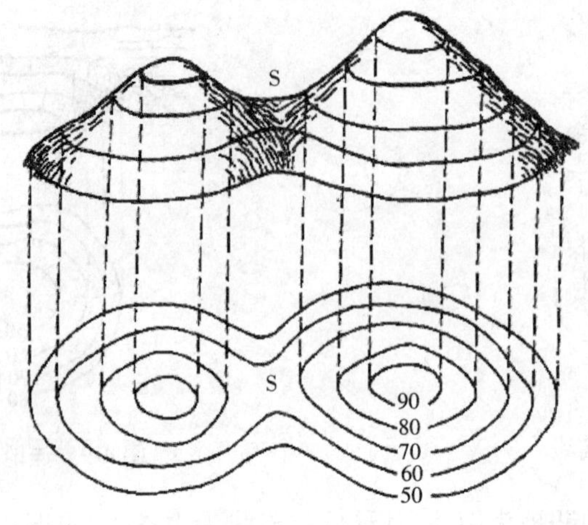


图 4-13 鞍部

(5)绝壁与悬崖。

陡崖:坡度在 70°以上。

绝壁:上下垂直的陡崖,也称断崖。

悬崖:崖口倾斜到陡壁外面而悬空(见图 4-14)。

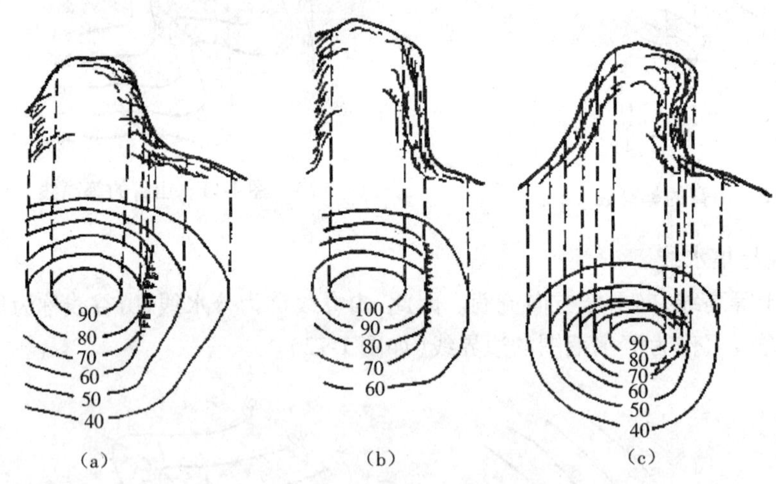


图 4-14 绝壁和悬崖的等高线

**4. 等高线的特性**

(1)等高:同一条等高线上高程必相等。

(2)闭合:各条等高线必然闭合,如不在本幅图闭合,必定在相邻的其他图幅闭合。

(3)不相交:只有在悬崖处,等高线才相交,但交点必成双。

(4)稀缓密陡:同一幅图内等高距为定值,所以,地面缓和处等高线平距大、陡峭处平距小。

(5)正交:与山脊线、山谷线成正交。

## 四、地形图的识读

(1)图号、图名和接图表。

(2)比例尺(数字、直线)。

(3)经纬度及坐标格网。

(4)三北方向图(当地真北、磁北和坐标纵轴方向的角度关系)。

(5)坐标系统、高程系统、图式、测图日期、测图者。

图廓是地形图的边界线,可以分为外图廓和内图廓(见图 4-15)。

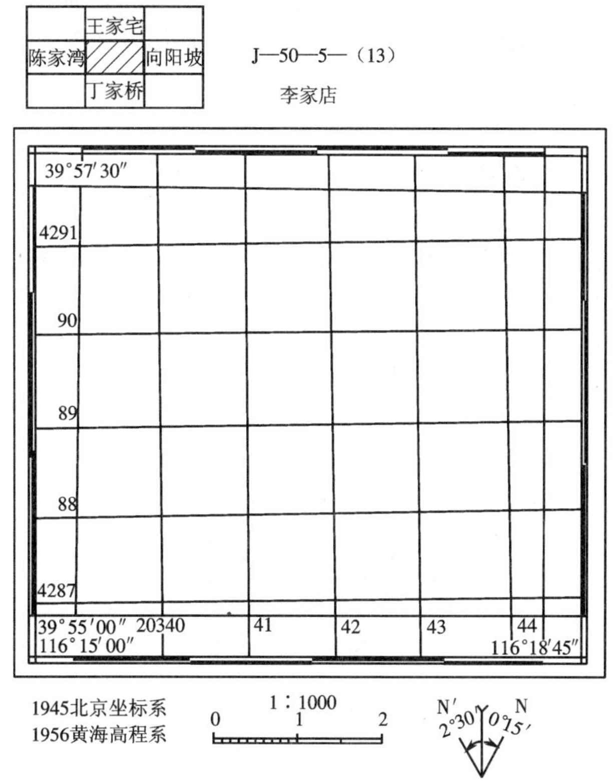


**图 4-15　1∶10 000 地形图的图廓与格网**

图廓外要素包括:图名和编号、比例尺、结合表、测图日期、成图方法、坐标系统、高程系统、所采用的图式版式、左侧下方的测图单位及右下角测图人员信息等。

图廓内要素包括:

数学要素:坐标网格、图廓经纬线、分度带、测图精度以及投影方式。

坐标格网:矩形图幅的图廓内绘有 10 cm 间隔互相垂直交叉的短线。如 1∶10 000 地形图的坐标格网间隔为 1 公里。梯形图幅图廓线为经纬线。

地理要素:由自然要素和社会经济要素构成。自然要素包括地貌、水系、土壤、植被等;社会经济要素包括居民地、独立地物、道路、管线设施、行政区划界线等。

地理要素又可分为地物、地貌两大类。

# 第二节 建筑图基础知识

施工图的内容一般可以分成以下几类：

(1)总图:建筑场地范围内建筑物的位置、形状和尺寸,道路、绿化及各种室外管线的布置等。

(2)建筑专业图:建筑平面图、立面图、剖面图、各种详图及门窗表、材料做法表。

(3)结构专业图:基础图、各层顶板的平面、剖面、各种构件详图,构件数量表及设计说明。

(4)设备专业图:包括给水、排水、采暖、通风各系统的平面图、轴测图和各种详图。

(5)电气专业图:包括照明、动力和弱电的系统图、平面图及详图等。

## 一、建筑图投影

用一组假想的投射线把物体的形状投到一个平面上,就可以得到一个图形,称为投影法。

**1. 投影的种类**

(1)中心投影:投影线由一点放射出来投射到物体上,这种作图方法称为中心投影法(见图4-16)。

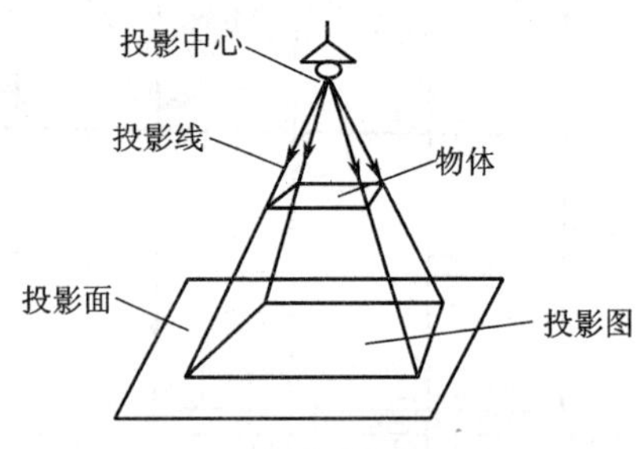


**图4-16 中心投影图**

(2)平行投影:投影线呈相互平行状投射到物体上,称为平行投影。平行投影又可分为正投影和斜投影。

正投影:使投影线垂直于投影面,并且使物体的一个面也垂直于投影线(见图4-17)。

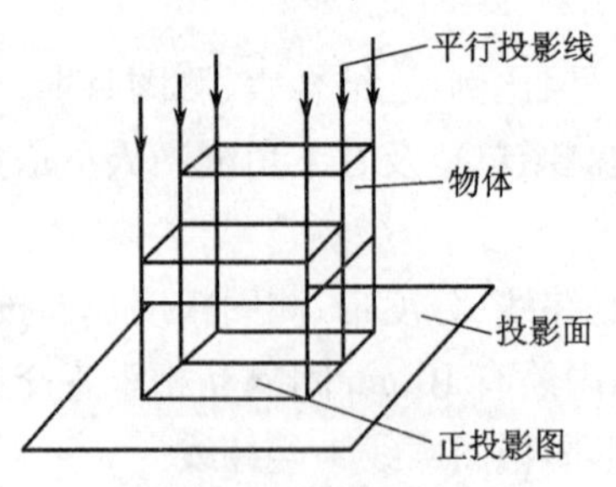


**图4-17 正投影图**

斜投影:当投影线倾斜于投影面时,所做出的投影。

**2. 物体的三面正投影图**

(1)三面正投影体系的形成(见图4-18):将物体放在三个相互垂直的投影面间;用三组垂直于投影面的投影线作投影;在三个投影面上得到三个正投影图。

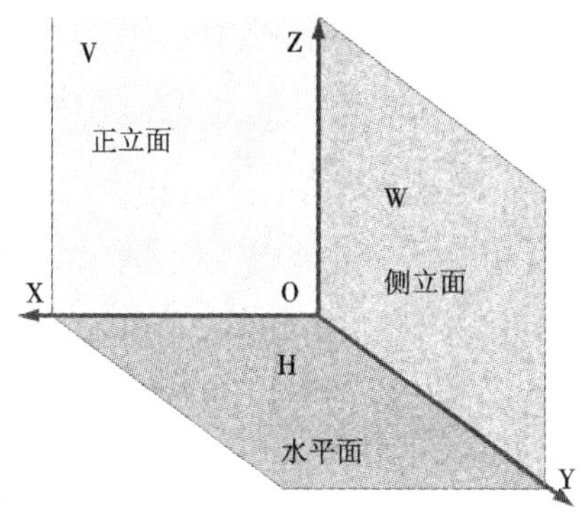


**图4-18　三面投影体系的形成**

(2)三面正投影体系的展开(见图4-19):正立投影面不动;水平投影面向下转动90°;侧立投影面向右后方转动90°。

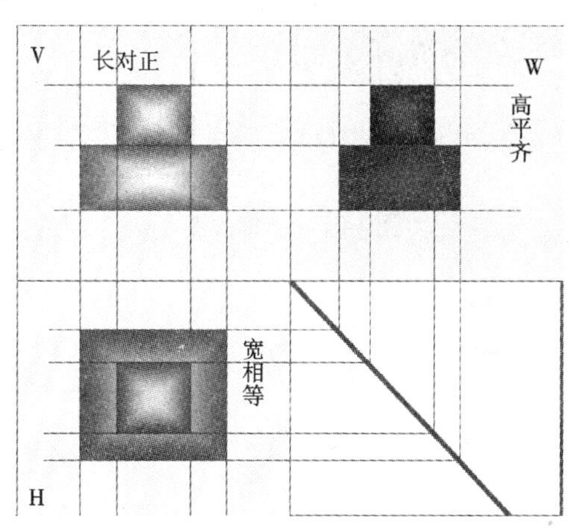


**图4-19　三面正投影图的展开**

(3)三面投影图的特性。

①不全面性:每个投影图只能反映物体两个方向的尺寸;立面图反映长度和高度;平面图反映长度和宽度;侧面图反映高度和宽度。

②三等关系:长对正,即立面图与平面图的长度相等;高平齐,即立面图与侧面图的高度相等;宽相等,即平面图与侧面图的宽度相等。

## 二、剖面图

剖面图的形成:用一个假想的平面把物体切开,移走一部分,作剩下这部分物体的正投影(如图4-20所示)。

剖面图的形式包括:全剖面图、半剖面图(见图4-21)、局部剖面图(见图4-22)、阶梯剖面图。

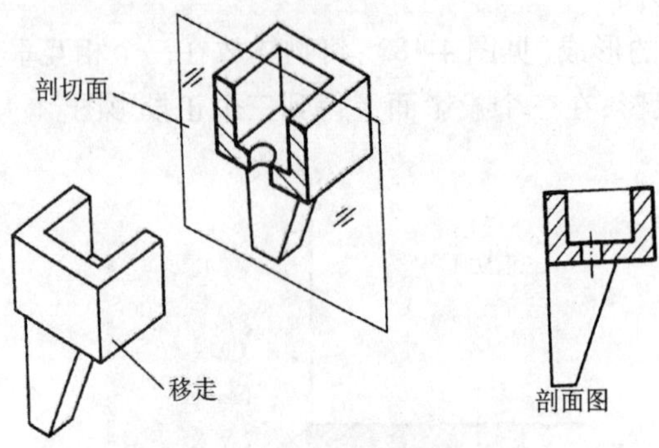


图 4-20 水池的剖面图

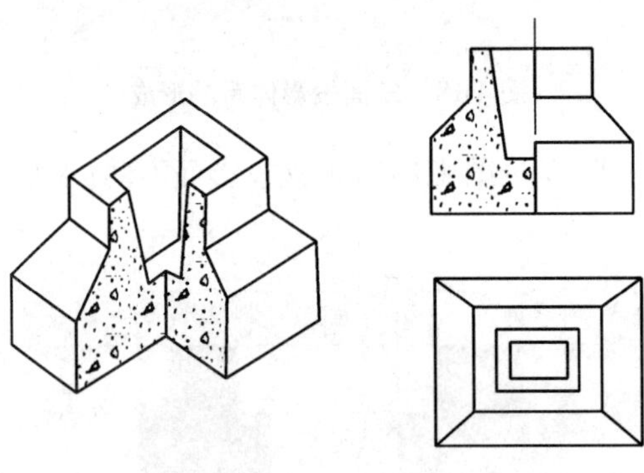

图 4-21 半剖面图

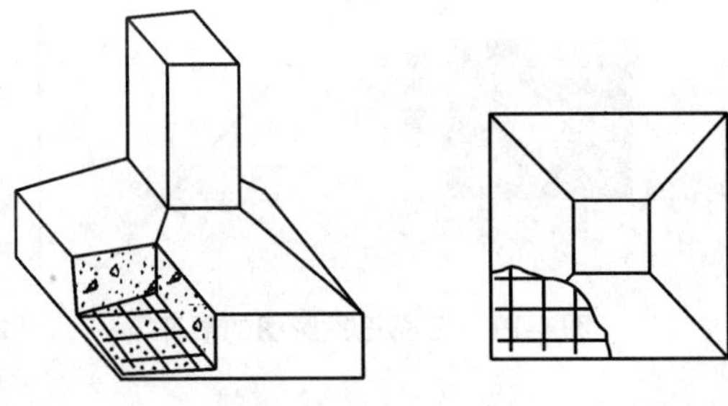

图 4-22 局部剖面图

剖面图的标注方式:

①剖切线:剖切位置、剖切方向、剖面编号。

②剖面图编号。

## 三、总平面图

总平面图的作用:用于建筑物的定位、定标高、施工放线、土方工程和施工现场布置。

总平面图的内容包括(见图4-23):

(1)新建房屋的平面形状、尺寸、标高、层数、出入口;

(2)用地范围,新建房屋和原有房屋、构筑物的间距;

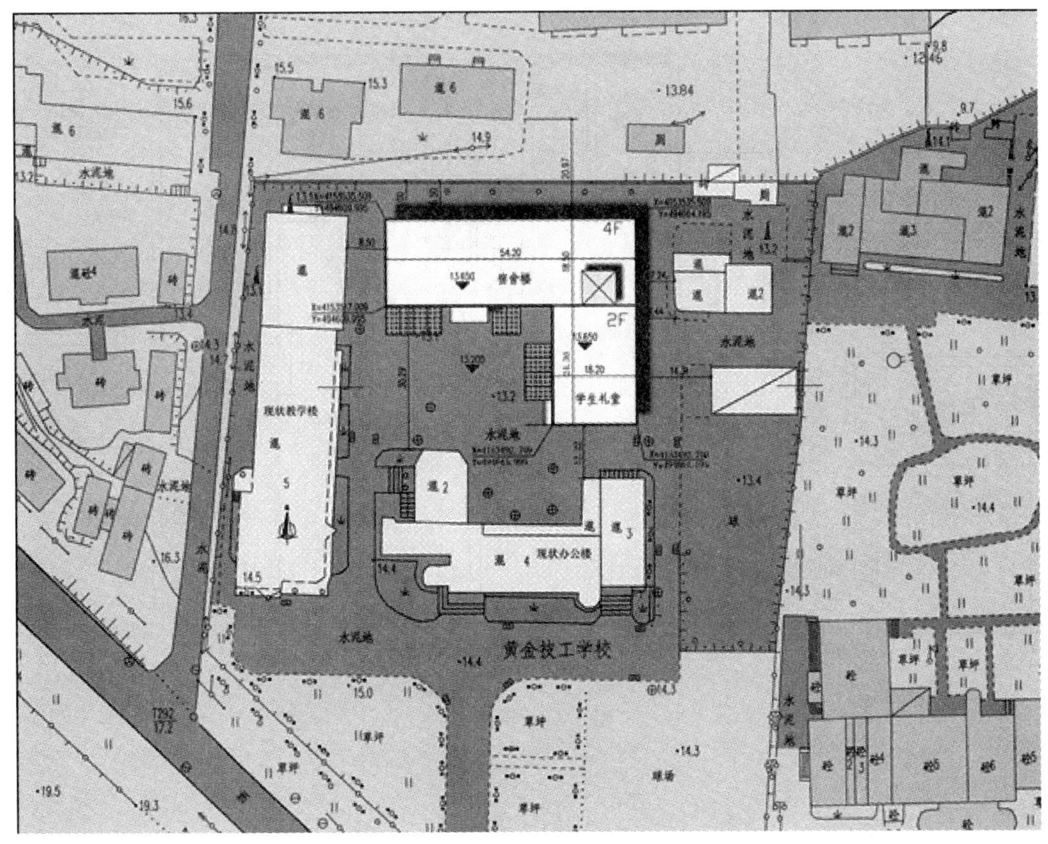


图 4-23　总平面图

(3)新建房屋室内外地坪标高、道路的标高,土方填挖与地面坡度,雨水排除方向等;

(4)用指北针表示房屋的朝向;有时还有水、暖、电的管线布置,道路庭园绿化的布置。

## 四、建筑专业图

### 1. 平面图

平面图的作用:用于施工放线,主体结构施工、门窗安装、室内装饰及编制工程预算。

平面图的基本内容包括(见图 4-24):

(1)建筑物的朝向、平面形状和房间布局;

(2)建筑物的平面尺寸和轴线间距、柱距、跨度;

(3)建筑物的结构形式;

(4)主要建筑材料:钢筋混凝土柱,黏土空心砖墙;

(5)门窗的编号、尺寸;

(6)变形缝的位置、作用;散水、台阶的尺寸。

### 2. 立面图

立面图的作用:主要用于立面装饰。

立面图的基本内容包括(见图 4-25):

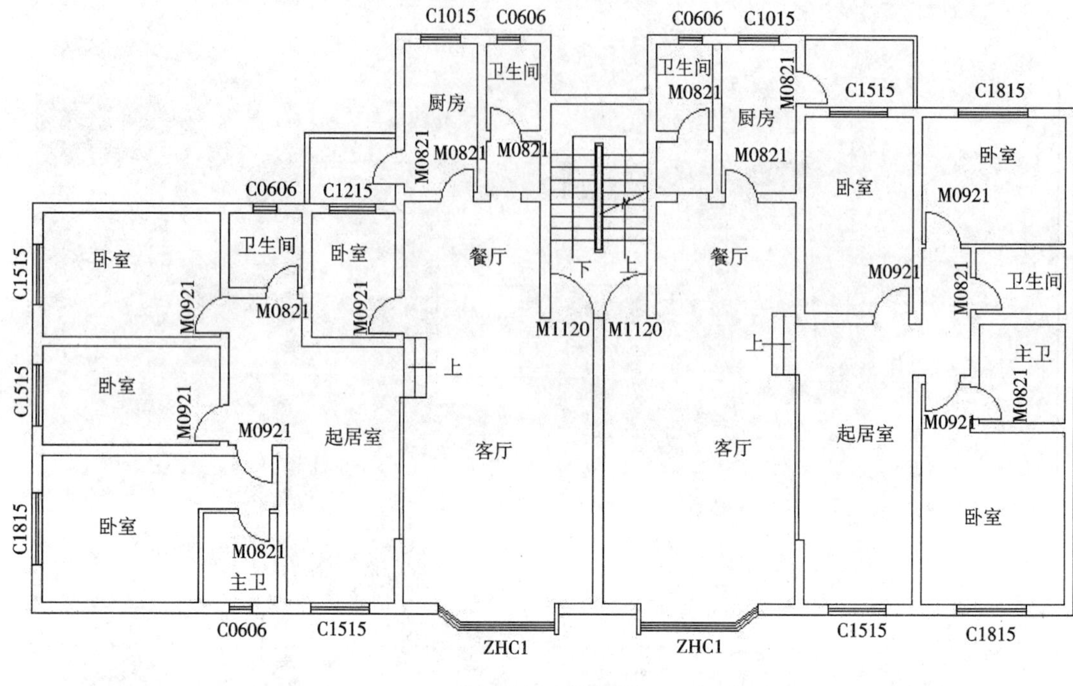

图 4-24 平面图

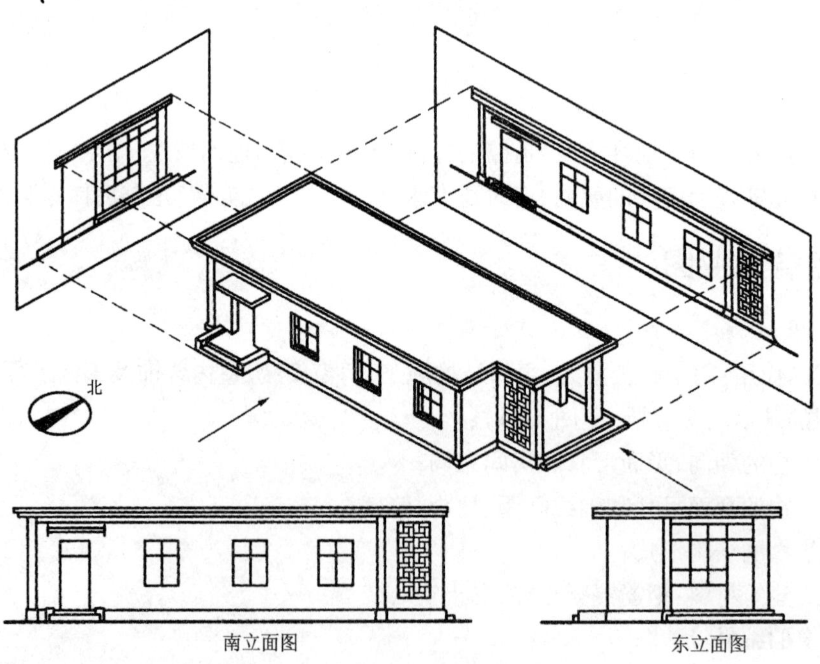

图 4-25 立面图

(1)建筑物的外形、高度、门窗、雨罩、台阶等的位置和形式;

(2)建筑物的总高、层高、窗台高、窗高等尺寸;

(3)室外地坪、室内地面及门窗的标高;外墙面的装饰做法、勒脚的高度和做法;

(4)变形缝的位置和做法;雨水管的位置。

**3. 屋顶平面图**

作用:表明屋面排水情况和突出屋面构造的位置。

屋顶平面图的基本内容包括:

(1)屋顶的形状和尺寸,屋檐的挑出尺寸、女儿墙的位置和厚度;

(2)突出屋面的楼梯间、水箱间、烟囱、通风道等;

(3)屋面排水情况,排水分区、排水方向、屋面坡度和雨水管等;

(4)屋顶、屋面有关详图的索引。

**4. 外墙详图**

作用:外墙详图是某处外墙的大样图,它表示了从室外地面到屋顶各部位的详细做法。外墙详图可以作为砌墙、室内外装修、门窗安装和编制施工预算的依据。

外墙详图的基本内容包括:

(1)墙的厚度,墙与轴线的关系。

(2)室内外地面处的节点:地面做法、散水、勒脚、墙身防潮层、踢脚和室内外窗台的做法等。

(3)门窗的节点:窗台做法、门窗过梁等。

(4)屋顶檐口处的节点:屋顶板、梁与墙的连接,屋面做法、顶棚做法、挑檐或女儿墙的做法等。

**5. 楼梯详图**

作用:表明楼梯形式、结构类型和平面、剖面尺寸以及详细做法。

楼梯详图的基本内容包括:

(1)楼梯平面图:楼梯间的轴线间距,楼梯段的步数和宽度,休息板的尺寸,门窗的位置和尺寸等。

(2)楼梯剖面图:每层楼的梯段数,每段的步数,各层和休息板的标高等。

(3)栏杆、扶手和踏步。

## 五、总平面图的识图

在进行施工放样时,需要识别的图形是总平面图。它包括的内容有拟建工程四周的新建房屋与原有及拆除房屋、场地、道路、绿化等,即总平面图就是在地形图的基础上再绘制出拟建工程的具体位置。而在实地标定出拟建工程的实际位置(即施工放样)就需要先识别图纸,把有用的信息提取出来。如图4-26所示。

总平面图的阅读首先应看图名、比例尺及文字说明。总平面图一般范围较大,因此在阅读的时候注意掌握全局,再具体细化;然后了解拟建工程的位置、道路、场地和绿化等,熟悉拟建工程周围的地形,为后期测量时选点布设控制网做准备;接着明确图纸中的指北针或风向频率图,找准正北方向;明确图纸的坐标系统,是否和实地的坐标系统统一,方便后期做坐标之间的换算;最后明确拟建工程的具体位置,通常可以根据原有房屋、道路或其他标志性地物来确定。

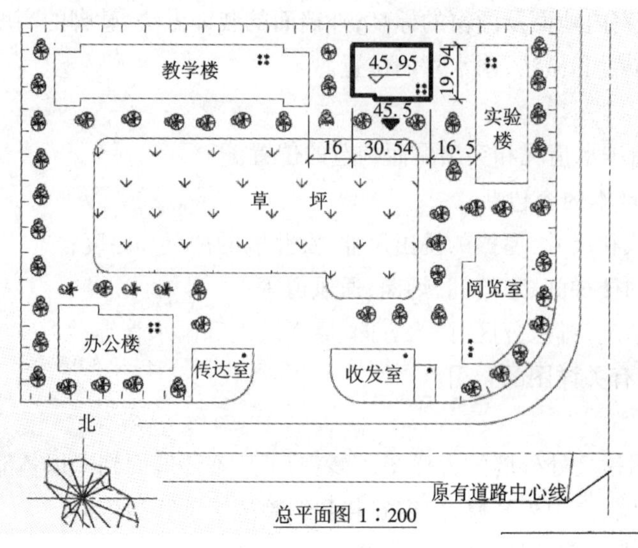


图 4-26 总平面图

# 第三节 施工测量概述

## 一、施工测量的工作内容

各种工程在施工阶段所进行的测量工作称为施工测量。施工测量的工作主要是:将设计图纸上的建筑物或构筑物,按其设计的平面位置和高程,通过测量手段和方法,用线条、桩点等可见的标志,在现场标定出来,使之作为各种施工的依据。这种由图纸到实地的测量工作称为测设,也称为放样。

施工测量除了测设建筑物外,同时还包括:为了保证放样精度和统一坐标系统,事先在施工场地上进行的前期测量工作即施工控制测量;为了检查每道工序施工后建筑物或构筑物的尺寸是否符合设计要求,以及确定竣工后建筑物或构筑物的真实位置和高程,而进行的事后测量工作即检查验收与竣工测量;为了监视重要建筑物或构筑物在施工过程和使用过程中位置和高程的变化情况,而进行的周期性测量工作即变形测量。

由于各种工程类型的不同和施工现场条件的不同,具体的施工测量工作内容会有所不同,相应的施工测量方法也就各有不同。我们将在本节先介绍最基本、最常用且可普遍应用于各类工程的施工测量方法,即基本测量要素(水平距离、水平角和高差)的测设方法,以及地面点位的测设方法。然后,在后面的章节详细介绍民用建筑工程施工测量的具体内容与方法。

## 二、施工测量的特点

**1. 测量精度要求较高**

总体上来说,为了保证建筑物或构筑物位置的准确,以及其内部几何关系的准确,同时满足使用、安全与美观等方面的各种要求,应以较高的精度进行施工测量。但是不同种类的建筑物或构筑物,其测量精度要求有所不同;同类建筑物和构筑物在不同的施工阶段,其测量精度要求也有所不同。

对不同种类的建筑物或构筑物，从大类上来说，工业建筑的测量精度要求高于民用建筑，高层建筑的测量精度要求高于低(多)层建筑，桥梁工程的精度要求高于道路工程。从小类来说，以工业建筑为例，钢结构的工业建筑测量精度要求高于钢筋混凝土结构的工业建筑，自动化和连续性的工业建筑测量精度要求高于一般的工业建筑，装配式工业建筑的测量精度要求高于非装配式工业建筑。

对同类建筑物或构筑物来说，测设整个建筑物和构筑物的主轴线，以便确定其相对其他地物的位置关系时，其测量精度要求可相对低一些；而测设建筑物或构筑物内部有关联的轴线，以及在进行构件安装放样时，精度要求则相对高一些；如果还需对建筑物或构筑物进行变形观测，为了发现位置和高程的微小变化量，测量精度要求就会更高了。

**2. 测量与施工进度的关系密切**

施工测量直接为工程的整个施工过程服务，一般来说施工过程的每道工序在施工前都要先进行放样测量。为了不影响施工的正常进行，应根据施工的进度及时完成相应的测量工作。特别是现代工程项目，它们往往规模大，机械化程度高，施工进度也越来越快，所以对施工测量与施工过程的密切配合提出了更高的要求。

在施工现场，各种工序经常交叉作业，运输活动也非常频繁，并有大量土方填挖和材料堆放，这就使得测量作业的场地条件经常会受到影响，比如测量标志被破坏，视线被遮挡等。因而，各种测量标志必须埋设稳固，并设在不易被破坏和碰动的位置(最好事前参照总平面图来布设测量标志)。此外，还应经常检查，如有损坏应及时恢复，以满足现场施工测量的需要。

测量人员应事先根据设计图纸、现场情况、施工进度和测量仪器设备条件等，研究采用效率最高的测量方法并准备好所有相应的测设数据，一旦具备作业条件时，就应尽快进行测量，在最短的时间内完成测量工作。为了满足施工进度对测量的要求，应提高测量人员对仪器的操作熟练程度，并要求测量小组各成员之间的良好配合。

## 三、施工测量的原则

为了保证施工工作的顺利经行和满足设计要求，施工测量与地形测量一样，也必须遵循“由整体到局部，先控制后细部”的原则，即在施工之前，应先在施工现场建立统一的施工平面控制网和高程控制网，然后以此为基础，再放样建筑物的细部位置。采取这一原则，可以减少误差累积，保证放样精度，使得各项工作能有序进行而不至于紊乱。

施工测量的另一原则是“步步有校核”，这一原则主要是为了防止差、错、漏的发生。施工测量不同于地形测量，施工测量责任重大，一旦出现问题会导致严重的财产和生命损失，所以在作业前，应该对将要使用的测量仪器和工具进行严格的检校。因此，测量人员应严格执行质量管理规定，仔细复核放样数据，力争避免错误的出现。同时，内业计算和外业测量时也应细心操作，注意复核，防止出错，测量的方法和精度也应符合有关的测量规范和施工规范的要求。

## 四、施工测量的精度

施工测量的精度取决于工程的规模、性质、材料和施工方法等因素。例如，施工控制网的精度要求一般高于测图控制网的精度要求，高层建筑物的测设精度要求高于低(多)层建筑物的测设精度,钢结构测设精度要求高于钢筋混凝土结构的测设精度,装配式建筑物测设精度要求高于非装配式建筑物的测设精度。

对于具体工程而言,施工测量的精度包括两种不同的要求:第一种是各建筑物主轴线相对于场地主轴线或它们相互之间位置的精度要求,即整体放样精度;第二种是建筑物本身各细部之间或各细部相对于建筑物主轴线位置的放样要求,即细部放样精度。一般来说,工程的细部放样精度要求往往高于整体放样精度。

总之,对于精度问题,因具体工程而异,既要满足工程要求,又要经济合理。具体的精度要求应以工程设计人员提出的限差或按工程施工规范来确定,制定切实可行且必须满足工程要求的精度标准,保证工程的施工质量。如果制定的标准偏低,将影响施工质量,这是不允许的;如果太高,则会造成不必要的人力、物力的浪费。

## 第四节 测设的基本工作

测设是最主要的施工测量工作,主要是确定地面上点的位置,与测定的程序刚好相反,即把建筑物或构筑物的特征点由设计图纸上标定到实地去。在测设过程中,我们也是通过测设设计点与施工控制点或现有建筑物之间的水平距离、水平角和高差,来将该设计点在地面上的位置标定出来。因此,水平距离、水平角和高程也是测设的基本要素,或者说测设的基本工作就是水平距离测设、水平角测设和高程测设。

### 一、水平距离测设

水平距离测设是从现场的一个已知点出发,沿着给定的方向,按已知的水平距离量距,并在地面上标出另一个端点的过程。水平距离测设的方法有钢尺丈量法、视距测量法和光电测距法等,下面主要介绍在建筑施工测量中最常用的钢尺丈量法。

**1. 钢尺测设**

(1)一般方法。

当已知方向在现场已用直线标定,且测设的已知水平距离小于钢卷尺的长度时,测设距离的一般方法很简单,只需将钢尺的零端与已知始点对齐,然后沿已知方向水平拉紧拉直钢尺,在钢尺上读出等于已知水平距离的位置,最后定点即可。为了校核和提高测设的精度,可将钢尺移动 10 ~ 20 cm,然后用钢尺始端的另一个读数对准已知始点,再测设一次,定出另一个端点,若两次点位的相对误差在限差(1/5 000 ~ 1/3 000)以内,则取两次端点的平均位置作为端点的最后位置。如图 4-27 所示,$A$ 为已知始点,$A$ 至 $B$ 为已知方向,$D$ 为已知水平距离,$P'$为第一次测设所定的端点,$P''$为第二次测设所定的端点,则 $P'$和 $P''$的中点 $P$ 即为最后所定的端点。$AP$ 即为所要测设的水平距离 $D$。

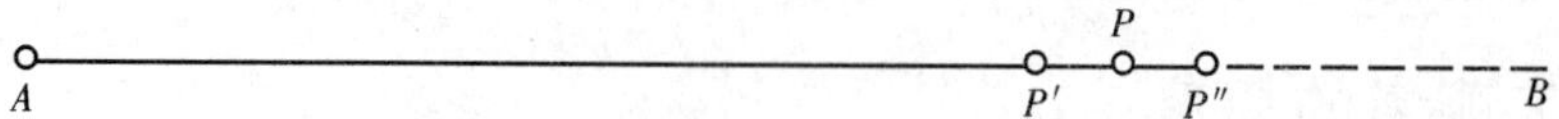


图 4-27 钢尺测设的一般方法

若已知方向在现场已用直线标定,而已知水平距离大于钢卷尺的长度,则沿已知方向依次水平丈量若干个尺段，在尺段读数之和等于已知水平距离处定点即可。为了校核和提高测设精度，同样应进行两次或者多次测设，然后取中点定点，方法同上。

当已知方向没有在现场标定出来，只是在较远处给出了另一定向点时，则要先进行直线定线再量距。对建筑工程来说，若始点与定向点的距离较短，一般可用拉一条细线绳的方法定线。若始点与定向点的距离较远，则要用经纬仪定线。方法是将经纬仪安置在 $A$ 点上，对中整平，照准远处的定向点，固定照准部，这时望远镜视线即为已知方向。然后沿此方向一边定线一边量距，使终点至始点的水平距离等于要测设的水平距离，并且位于望远镜的视线上。

(2)精密方法。

当测设精度要求较高(1/10 000 ~ 1/5 000 以上)时，就必须要考虑尺长改正、温度改正和倾斜改正等改正系数，还要使用标准拉力来拉钢尺，才能达到相应的精度要求。

如图 4-28 所示，$A$ 是始点，$D$ 是设计的已知水平距离，精密测设一般分两步完成：第一步是按一般方法测设该已知水平距离，在地面上临时定出另一个端点 $P'$；第二步是按精密钢尺量距法，精确测量出 $AP'$ 的水平距离 $D'$。根据 $D'$ 与 $D$ 的差值 $\Delta D = D' - D$ 沿 $AP'$ 方向进行改正。若 $\Delta D$ 为正值，说明实际测设的水平距离大于设计值，应从 $P'$ 往回改正 $\Delta D$，即可得到符合要求的 $P$ 点；反之，若 $\Delta D$ 为负值，则应从 $P'$ 往前改正 $\Delta D$ 再定点。

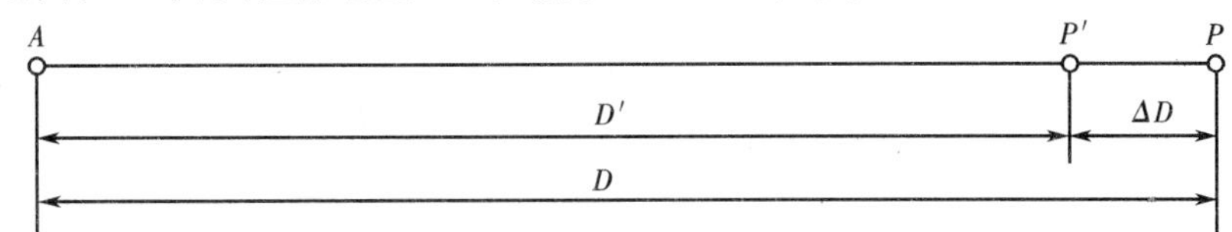


图 4-28　距离测设的精密方法

**2. 光电测距仪测设**

由于光电测距仪的普及，目前水平距离测设，尤其是长距离和坡度较大的测设，多采用光电测距仪。

用光电测距仪放样已知水平距离与用钢尺放样已知水平距离的方式一致，先用跟踪法放出另外一端点，再精确测定其长度，最后进行改正。

如图 4-29 所示，安置光电测距仪于 $A$ 点，瞄准并锁定已知方向，沿此方向移动反光棱镜，使仪器显示值为所放样水平距离时，则在棱镜所在位置定出端点 $B$。为了进一步提高放样精度，可用光电测距仪精确测定 $AB$ 的水平距离，并与已知值比较算出差值 $\Delta D$。根据 $\Delta D$ 的正负情况，再用钢尺从 $B$ 点沿 $AB$ 方向向内或向外量 $\Delta D$ 得到 $B'$ 点。

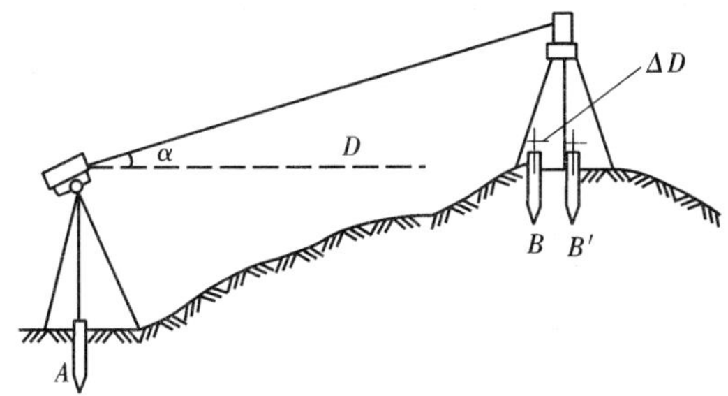


图 4-29　使用光电测距仪测设距离

将反光镜移到 $B'$ 点，精确测定 $AB'$ 水平距离，如果与 $D$ 之差在限差之内，则 $AB'$ 为最后的测设结果;如果与 $D$ 之差超过限差,则按上述方法再次测设,直到 $\Delta D$ 小于规定限差为止,从而定出已知水平距离的另一个端点。

## 二、水平角测设

水平角测设是根据地面上已有的一个点和从该点出发的一个已知方向,按设计的已知水平角值,在地面上标定出另一个方向的过程。水平角测设用的主要仪器是经纬仪,测设时按精度要求的不同,也分为一般方法和精密方法。

**1. 一般方法**

如图 4-30 所示,设 $O$ 为地面上的已知点,$OA$ 为已知方向,要顺时针方向测设已知水平角 $\beta$(例如 59°38′42″)的测设方法是:

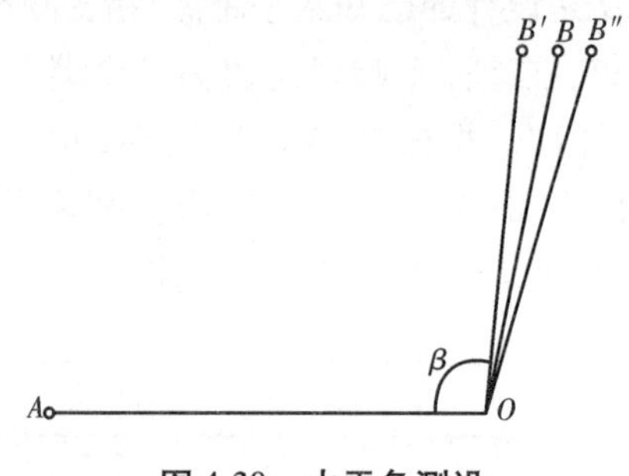


**图 4-30 水平角测设**

(1)在 $O$ 点安置经纬仪,对中整平。

(2)盘左状态瞄准 $A$ 点,调整水平度盘,使水平度盘读数为 0°00′00″,然后旋转照准部,当水平度盘读数为 $\beta$(例如 59°38′42″)时,固定照准部,在此方向上合适的位置定出 $B'$点。

(3)倒转望远镜成盘右状态,用同上的方法测设 $\beta$ 角,定出 $B''$点。

(4)取 $B'$和 $B''$的中点 $B$,则 $\angle AOB$ 就是要测设的水平角。

采用盘左和盘右两种状态进行水平角测设并取其中点,是为了校核所测设的角度是否有误,同时可以消除由于经纬仪横轴与竖轴不垂直以及视准轴与横轴不垂直等仪器误差所引起的水平角测设误差。

如果是逆时针方向测设水平角,则旋转照准部,使水平度盘读数为 360°减去所要测设的角值(如上例为 360° − 59°38′42″ = 300°21′18″),在此方向上定点。为了减少计算工作量和操作方便,也可在照准已知方向点时,将水平度盘读数配置为所要测设的角值(如上例的 59°38′42″)然后旋转照准部,在水平度盘读数为 0°00′00″时定点。

**2. 精密方法**

当测设水平角精度要求较高时,也和精密测设水平距离一样,分两步进行。如图 4-31 所示,第一步是用盘左按一般方法测设已知水平角,定出一个临时点 $B'$。第二步是用测回法精密测量出 $\angle AOB'$的水平角 $\beta'$(精度要求越高,则测回数越多),设 $\beta'$与已知角 $\beta$ 的差为

$$\Delta\beta = \beta' - \beta。 \tag{4-1}$$

若 $\Delta\beta$ 超出了限差要求(±10″),则应对 $B'$进行改正。改正方法是先根据 $\Delta\beta$ 和 $AB'$的长度,计算从 $B'$至改正后的位置 $B$ 的距离

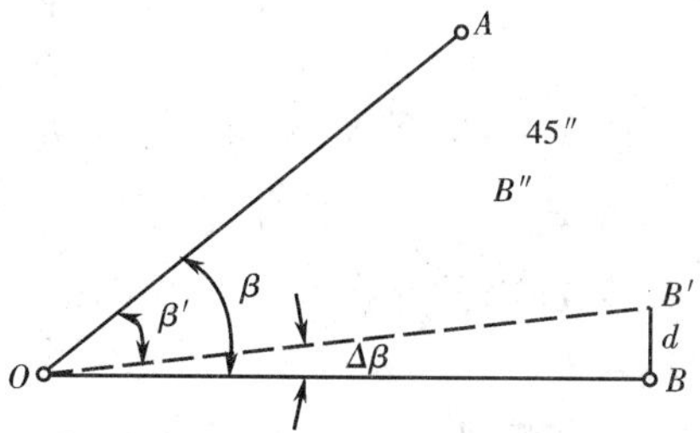


图 4-31　水平角精密测设

$$d = AB' \times \frac{\beta'}{\rho''}, \tag{4-2}$$

式中 $\rho'' = 206\ 265''$，以秒为单位，在现场过 $B'$ 作 $AB'$ 的垂线，若 $\Delta\beta$ 为正值，说明实际测设的角值比设计角值大，应沿垂线往内改正距离 $d$；反之，若 $\Delta\beta$ 为负值，则应沿垂线往外改正距离 $d$，改正后得到 $B$ 点，$\angle AOB$ 即为符合精度要求的测设角。

## 三、高程测设

高程测设是根据邻近已有的水准点或高程标志，在现场标定出某设计高程的位置的过程。高程测设是施工测量中常见的工作内容，一般用水准仪进行。

**1. 高程测设的一般方法**

如图 4-32 所示，某点 $P$ 的设计高程为 $H_P = 82.300$ m，附近一水准点 $A$ 的高程为 $H_A = 81.256$ m，现要将 $P$ 点的设计高程测设在一个木桩上，其测设步骤如下：

（1）在水准点 $A$ 和 $P$ 点木桩之间安置水准仪，后视立于水准点 $A$ 上的水准尺，调节水准仪气泡居中，读中丝读数 $a = 1.385$ m。

（2）计算水准仪前视 $P$ 点木桩水准尺的应读读数 $b$。根据图 4-32 可列出下式：

$$b = H_A + a - H_b。 \tag{4-3}$$

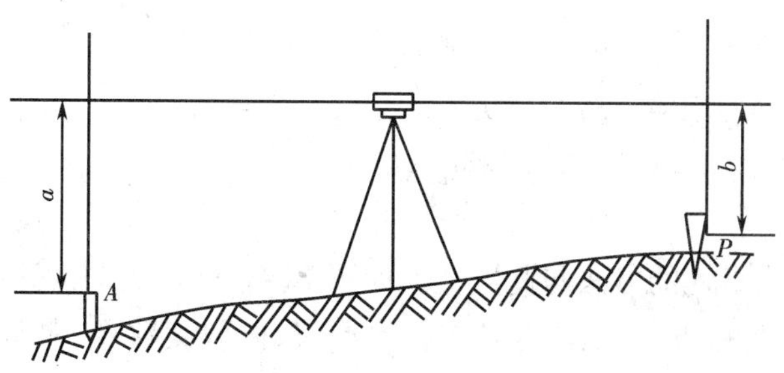


图 4-32　高程测设

将有关数据代入式(4-3)得：

$$b = 81.256 + 1.385 - 82.300 = 0.341 \text{ m}。$$

前视靠在木桩一侧的水准尺，上下移动水准尺，当读数恰好为 $b = 0.341$ m 时，在木桩侧面沿水准尺底边画一横线，此线就是 $P$ 点的设计高程 82.300 m。

也可先计算视线高程 $H$，再计算应读读数 $b$，即：

$$H_{视} = H_A + a。 \tag{4-4}$$

$$b = H_{视} - H_P。 \tag{4-5}$$

这种算法的好处是，当在一个测站上测设多个设计高程时，先按式(4-4)计算视线高程 $H_{视}$，然后每测设一个新的高程，只需将各个新的设计高程代入式(4-5)，便可得到相应的前视水准尺应读读数。这样简化了计算工作，因此在实际工作中用得更多。

**2. 钢尺配合水准仪进行高程测设**

当需要向深坑底或高楼面测设高程时，因水准尺长度是有限的，中间又不便于安置水准仪来转站观测，可用钢尺配合水准仪进行高程的传递和测设。

如图 4-33 所示，已知高处水准点 $A$ 的高程 $H_A = 96.372$ m，需测设低处 $P$ 的设计高程 $H_P = 89.700$ m。施测时，用检定过的钢尺，挂一个与要求拉力相等的重锤，悬挂在支架上，零点一端向下。先在高处安置水准仪，读取 $A$ 点上水准尺的读数 $a_1 = 1.572$ m 和钢尺上的读数 $b_1 = 9.235$ m。然后在低处安置水准仪，读取钢尺上的读数 $a_2 = 1.643$ m。如图所示，可得低处 $P$ 点上水准尺的应读读数 $b_2$ 的算式为：

$$b_2 = H_A + a_1 - (b_1 - a_2) - H_P。 \tag{4-6}$$

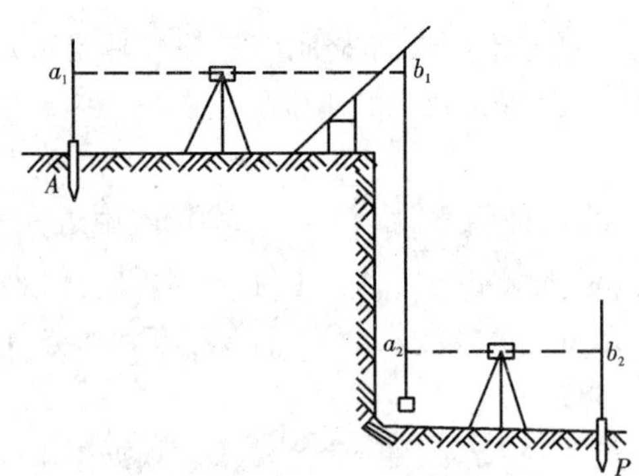


**图 4-33 从高处向低处测设高程**

由式(4-6)得

$$b_2 = 96.372 + 1.572 - (9.235 - 1.643) - 89.700 = 0.652 \text{ m}。$$

上下移动低处水准尺，当读数恰好为 $b_2 = 0.652$ m 时，沿尺底边画一横线即是设计高程标志。

从低处向高处测设高程的方法与此类似。如图 4-34 所示，已知低处水准点 $A$ 的高程 $H_A$，需测设高处 $P$ 的设计高程 $H_P$。先在低处安置水准仪，读取读数 $a_1$ 和 $b_1$，再在高处安置水准仪，读取读数 $a_2$，则高处水准尺的应读读数 $b_2$ 为：

$$b_2 = H_A + a_1 + (a_2 - b_1) - H_P。 \tag{4-7}$$

钢尺配合水准仪进行高程测设，其算式(4-6)、式(4-7)与式(4-3)相比，只是中间多了一个往下$(b_1 - a_2)$或往上$(a_2 - b_1)$传递水准仪视线高程的过程。如果现场不便直接测设高程，也可先用钢尺配合水准仪将高程引测到低处或高处的某个临时点上，再在低处或高处按一般方法进行高程测设。

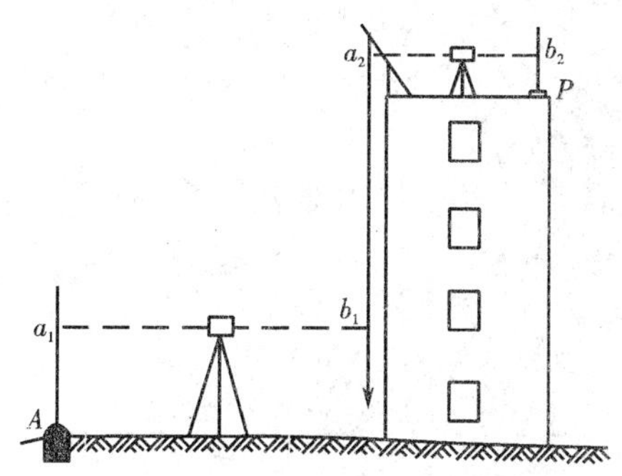


图 4-34　从低处向高处测设高程

## 四、测设直线

在施工过程中，经常需要在两点之间测设直线或者将已知直线延长，由于现场条件的不同以及具体要求不同，有多种不同的测设方法。实际工程中应根据实际情况灵活应用，下面介绍一些常用的测设方法。

**1. 在两点间测设直线**

这是最常见的情况，如图 4-35 所示，$A$，$B$ 为现场上已有的两个点，欲在其间再定出若干个点，这些点应与 $AB$ 在同一条直线上，再根据这些点在现场标绘出一条直线来。

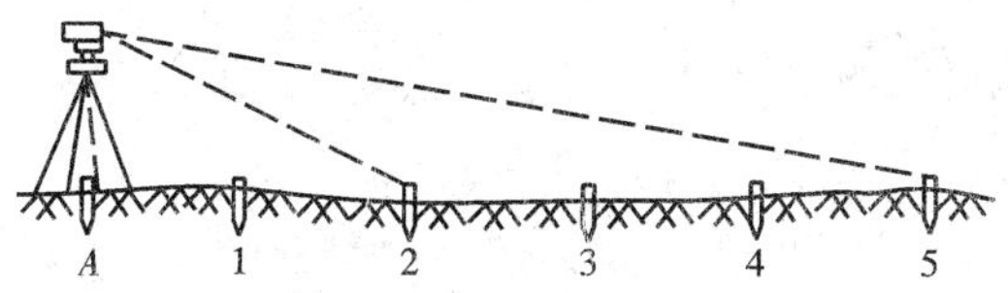


图 4-35　两点间测设直线

(1)一般测设法。

如果两点之间能通视，并且在其中一个点上能安置经纬仪，则可用经纬仪定线法进行测设。方法是先在其中一个点上安置经纬仪，照准另一个点，固定照准部，再根据需要，在现场合适的位置立测钎，用经纬仪指挥测钎左右移动，直到恰好与望远镜竖丝重合时定点，该点即在 $AB$ 直线上，用同样的方法依次测设出其他直线点。如果需要的话，可在每两个相邻直线点之间用拉白线、弹墨线和撒灰线的方法，在现场将此直线标绘出来，作为施工的依据。

如果经纬仪与直线上的部分点不通视，例如图 4-36 中深坑下面的 $P_1$，$P_2$ 点，则可先在与 $P_1$，$P_2$ 点通视的地方(如坑边)测设一个直线点 $C$，再搬站到 $C$ 点测设 $P_1$，$P_2$ 点。

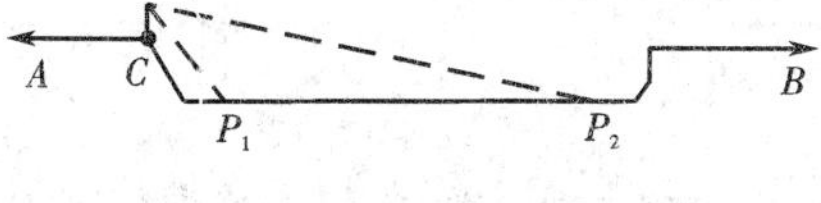


图 4-36　测设法

一般测设法通常只需在盘左(或盘右)状态下测设一次即可，但应在测设完所有直线点后，重新照准另一个端点，检验经纬仪直线方向是否发生了偏移，如果有偏移，应重新测设。此外,如果测设的直线点较高或较低(如深坑下的点),应在盘左和盘右状态下各测设一次,然后取两次的中点作为最后结果。

(2)正倒镜投点法。

如果两点之间不通视,或者两个端点均不能安置经纬仪,可采用正倒镜投点法来测设直线。如图4-37所示,$A$,$B$为现场上互不通视的两个点,需在地面上测设以$A$,$B$为端点的直线,测设方法如下:

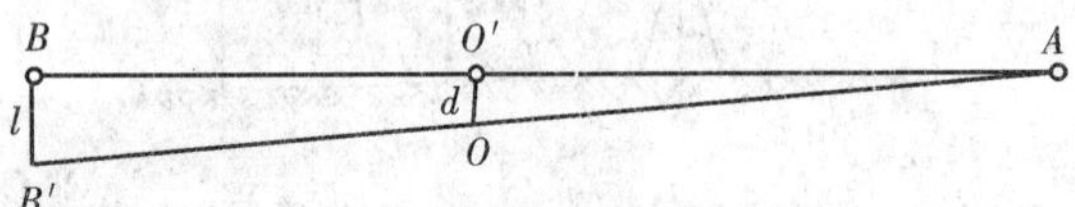


图4-37 正倒镜投点法

在$A$,$B$之间选一个能同时与两端点通视的$O$点处安置经纬仪,这样就避开了障碍物的遮挡,尽量使经纬仪中心在$A$,$B$的连线上,最好是与$A$,$B$的距离大致相等。盘左(也称为正镜)瞄准$A$点并固定照准部,再倒转望远镜观测$B'$点,若望远镜视线与$B$点的水平偏差$BB'=l$,则根据距离$OA$与$AB'$的比,计算经纬仪中心偏离直线的距离$d$:

$$d = l \times \frac{OA}{AB'}。 \tag{4-8}$$

然后将经纬仪从$O$点往直线方向移动距离$d$,重新安置经纬仪并重复上述步骤的操作,使经纬仪中心逐次往直线方向趋近。

最后,当瞄准$A$点,倒转望远镜便正好瞄准$B$点,不过这并不一定就说明仪器就在$AB$直线上,因为仪器还存在误差。因此还需要用盘右(也称为倒镜)瞄准$A$点,再倒转望远镜,看是否也正好瞄准$B$点。如果是,则证明正倒镜无仪器误差,且经纬仪中心已位于$AB$直线上。如果不是,则说明仪器有误差,这时可松开中心螺栓,轻微移动仪器,使得正镜与倒镜观测时,十字丝纵丝分别落在$B$点两侧,并对称于$B$点。这样就使仪器精确位于$AB$直线上,这时即可用前面所述的一般方法测设直线。

正倒镜投点法的关键是用逐渐趋近法将仪器精确地安装在直线上。在实际工作中,为了减少通过搬动脚架来移动经纬仪的次数,提高作业效率,在安装经纬仪时,可按图4-38所示的方式安置脚架,使一个架脚与另外两个架脚中点的连线与所要测设的直线垂直,当经纬仪中心需要往直线方向移动的距离比较小(10~20 cm以内)时,就可通过伸缩该架脚来移动经纬仪,而当移动的距离更小(2~3 cm以内)时,只需在脚架头上平移仪器即可。

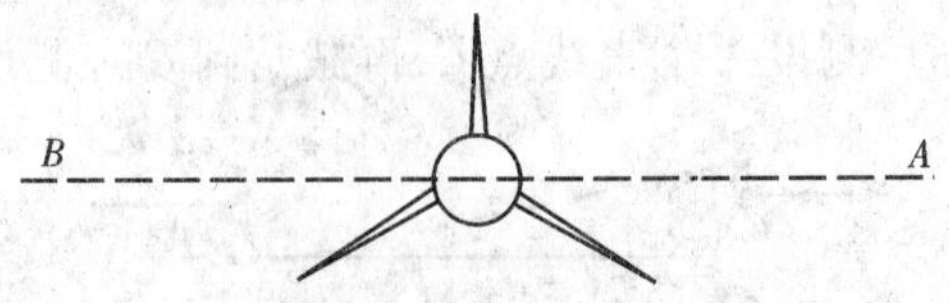


图4-38 脚架安置示意图

(3)直线加吊锤法。

当距离较短时,测设直线的方法就可使用一种比较简便的方法,也就是使用一条细线绳,连接两个端点并拉直便得到所要测设的直线。如果地面高低不平，或者局部有障碍物，应将细线绳抬高，越过障碍物。以免碰线，此时要用吊锤线将地面点引至适宜的高度再拉线，拉好线后，还要用吊锤线将直线引到地面上，如图 4-39 所示。用细线绳和吊锤线测设直线的方法是比较简便的，在施工现场也用得很普遍，用经纬仪测设直线时也经常需要这些简易的方法和工具来配合。

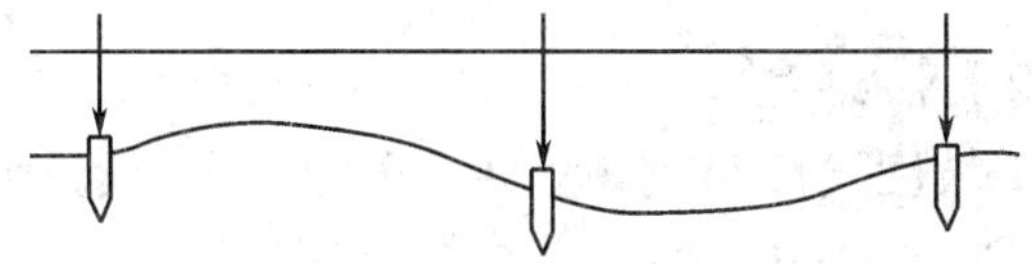

图 4-39　线绳加吊锤测设直线

**2. 延长已知直线**

如图 4-40 所示，在现场有已知直线 $AB$ 需要延长至 $C$，根据 $BC$ 是否通视，以及经纬仪设站位置不同，有几种不同的测设方法可供选择。

图 4-40　延长已知直线

(1)顺延法。

在 $A$ 点安置经纬仪，照准 $B$ 点，然后抬高望远镜，用视线(纵丝)指挥在现场上定出 $C$ 点即可。这个方法与两点间测设直线的一般方法基本一样，但由于测设的直线点在两端点以外，因此更要注意测设精度问题。延长线长度一般不要超过已知直线的长度，否则误差会较大。当延长线长度较长或地面高差较大时，应用盘左盘右各测设一次，以尽量减小误差。

(2)倒延法。

当 $A$ 点无法安置经纬仪，或者当 $AC$ 距离较远，使从 $A$ 点用顺延法测设 $C$ 点的照准精度降低时，可以用倒延法测设。如图 4-41 所示，在 $B$ 点安置经纬仪，照准 $A$ 点，倒转望远镜，用视线指挥在现场上定出 $C$ 点。为了消除仪器误差，应用盘左和盘右各测设一次，取两次的中点。

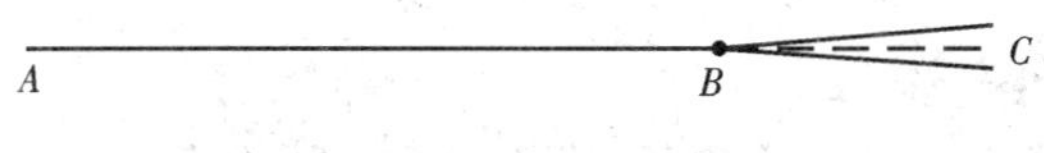

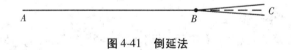

图 4-41　倒延法

(3)平行线法。

当延长直线上不通视时，可用测设平行线的方法，延过障碍物。如图 4-42 所示，$AB$ 是已知直线，先在 $A$ 点和 $B$ 点以合适的距离 $d$ 作垂线，得 $A'$ 和 $B'$，再将经纬仪安置在 $A'$(或 $B'$)，用顺延法(或倒延法)测设 $A'B'$ 直线的延长线，得 $C'$ 和 $D'$，然后分别在 $C'$ 和 $D'$ 以距离 $d$ 作垂线，得 $C$ 和 $D$，则 $CD$ 就是 $AB$ 的延长线。

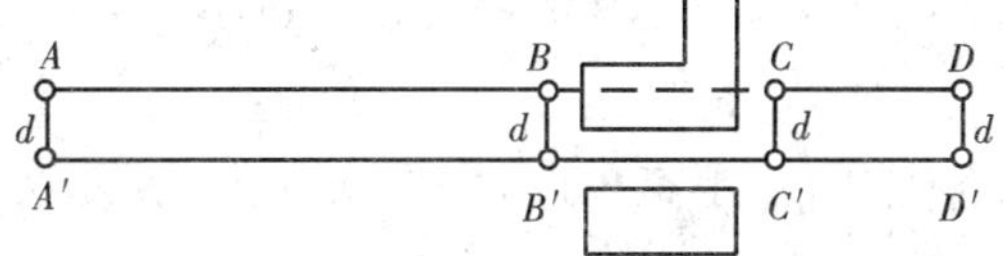


图 4-42　平行线法

## 五、测设坡度线

在平整场地、铺设管道及修筑道路等工程中，往往要按一定的设计坡度（倾斜度）进行施工，这时需要在现场测设坡度线，作为施工的依据。根据坡度大小不同和场地条件不同，坡度线测设的方法有水平视线法和倾斜视线法。

**1. 水平视线法**

当坡度不大时，可采用水平视线法。如图4-43所示，$A$，$B$ 为设计坡度线的两个端点，$A$ 点设计高程为 $H_A = 56.487$ m，坡度线长度（水平距离）$D = 110$ m，设计坡度为 $i = -1.5\%$，要求在 $AB$ 方向上每隔距离 $d = 20$ m 打一个木桩，并在木桩上定出一个高程标志，使各相邻标志的连线符合设计坡度。设附近有一水准点 $M$，其高程为 $H_M = 56.128$ m，测设方法如下：

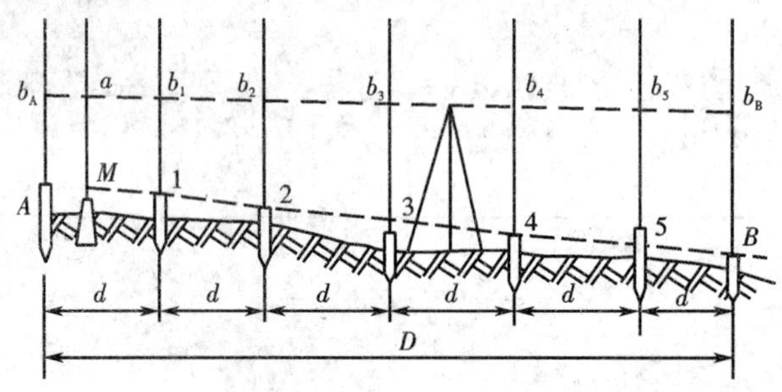


**图4-43 水平视线法**

（1）在地面上沿 $AB$ 方向，依次测设间距为 $d$ 的中间点1，2，3，4，5，在点上打好木桩。

（2）计算各桩点的设计高程：

先计算按坡度 $i$ 或每隔距离 $d$ 相应的高差

$$h = i \times d = -1.5\% \times 20 = -0.3 \text{ m}。$$

再计算各桩点的设计高程，其中

第一点：$H_1 = H_A + h = 56.487 - 0.3 = 56.187$ m；

第二点：$H_2 = H_1 + h = 56.187 - 0.3 = 55.887$ m；

……

同法算出其他各点设计高程为 $H_3 = 55.587$ m，$H_4 = 55.287$ m，$H_5 = 54.987$ m，最后根据 $H_5$ 和剩余的距离计算 $B$ 点设计高程

$$H_B = 54.987 + (-1.5\%) \times (110 - 100) = 54.987 \text{ m}。$$

注意，$B$ 点设计高程也可用式(4-9)算出：

$$H_B = H_A + i \times D。 \tag{4-9}$$

用来检核上述计算是否正确，例如，这里为

$$H_B = 54.987 + (-1.5\%) \times (110 - 100) = 54.837 \text{ m}。$$

说明高程计算正确。

（3）在合适的位置（与各点通视，距离相近）安置水准仪，后视水准点上的水准尺，设读数 $a = 0.866$ m，先代入式(4-4)计算仪器视线高

$$H_B = H_M + n = 56.128 + 0.866 = 56.994 \text{ m}。$$

再根据各点设计高程,依次代入式(4-5)计算测设各点时的应读前视读数,例如 $A$ 点为

$$b_A = H_{视} - H_A = 56.994 - 56.487 = 0.507 \text{ m}。$$

1 号点位

$$b_1 = H_{视} - H_1 = 56.994 - 56.187 = 0.807 \text{ m}$$

同理得 $b_2 = 1.107$ m,$b_3 = 1.407$ m,$b_4 = 1.707$ m,$b_5 = 2.007$ m,$b_B = 2.157$ m。

(4)水准尺依次贴靠在各木桩的侧面,上下移动尺子,直至水准尺读数为 $b$ 时,沿尺底在木桩上画一横线,该线即在 $AB$ 坡度线上。也可将水准尺立于桩顶上,读前视读数 $b'$,再根据应读读数和实际读数的差 $z = b - b'$,用小钢尺自桩顶往下量取高度 $l_2$ 画线即可。

**2. 倾斜视线法**

当坡度较大时,坡度线两端高差太大,不便按水平视线法测设,这时可采用倾斜视线法。如图 4-44 所示,$A$,$B$ 为设计坡度线的两个端点,$A$ 点设计高程为 $H_A = 132.600$ m,坡度线长度(水平距离)为 $D = 80$ m,设计坡度为 $i = -10\%$,附近有一水准点 $M$,其高程为 $H_M = 131.958$ m,测设方法如下:

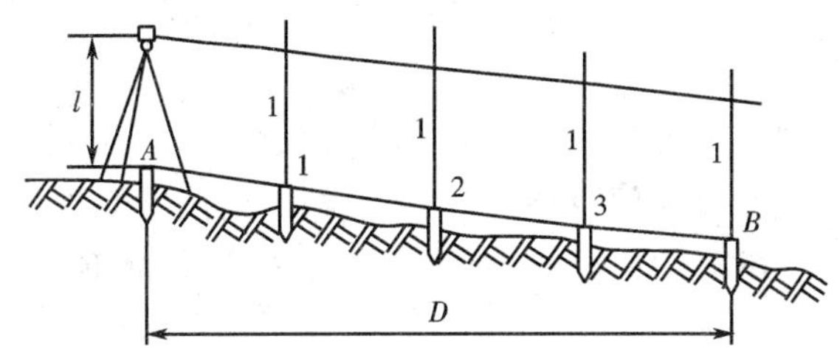


**图 4-44　倾斜视线法**

(1)根据 $A$ 点设计高程、坡度 $i$ 及坡度线长度 $D$,计算 $B$ 点设计高程,即

$$H_B = H_A + i \times D = 132.600 - 10\% \times 80 = 124.600\text{m}。$$

(2)按测设已知高程的一般方法,将 $A$,$B$ 两点的设计高程测设在地面的木桩上。

(3)在 $A$ 点(或 $B$ 点)上安置水准仪,使基座上的一个脚螺旋在 $AB$ 方向上,其余两个脚螺旋的连线与 $AB$ 方向垂直,如图 4-45 所示。粗略对中并调节与 $AB$ 方向垂直的两个脚螺旋基本水平,量取仪器高 $z$(设 $z = 1.453$ m)。通过转动 $AB$ 方向上的脚螺旋和微倾螺旋,使望远镜十字丝横丝对准 $B$ 点(或 $A$ 点)水准尺上等于仪器高(1.453 m)处,此时仪器的视线与设计坡度线平行,同一点上视线比设计坡度线高 1.453 m。

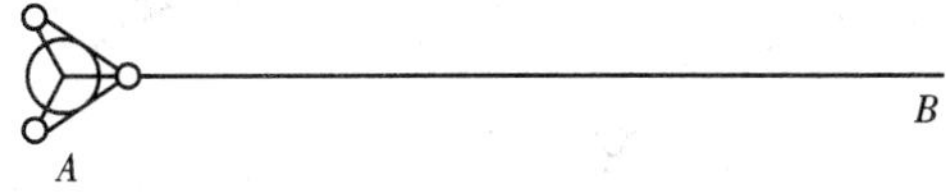


**图 4-45　倾斜视线法水准仪的安置**

(4)在 $AB$ 方向的中间各点 1,2,3,…的木桩侧面立水准尺,上下移动水准尺,直至尺上读数等于仪器高 1.453 m 时,沿尺底在木桩上画线,则各桩画线的连线就是设计坡度线。

由于经纬仪可方便地照准不同高度和不同方向的目标,因此也可在一个端点上安置经纬仪来测设各点的坡度线标志。这时经纬仪可按常规对中整平和量仪器高,直接照准立于另一

个端点水准尺上等于仪器高的读数,固定照准部和望远镜,得到一条与设计坡度线平行的视线,据此视线在各中间桩点上绘坡度线标志线的方法同水准仪法。

## 第五节 测设点位的基本方法

在确定建筑物或构筑物的平面位置时,设计图上并不一定就直接提供了有关的水平距离和水平角数据,而只是提供了一些主要点的设计坐标$(X,Y)$。这时,如何根据点的设计坐标将其实际位置在现场测设出来呢? 这也是我们施工测量的一个重要任务之一。

解决这个问题的方法是先根据设计坐标计算有关的水平距离和水平角,然后综合应用上一节所述的水平距离测设和水平角测设的方法,在现场测设点位。测设点位的基本方法有直角坐标法、极坐标法、角度交会法和距离交会法等,在实际工作中,可根据施工控制网的布设形式、控制点的分布、地形情况、放样精度要求以及施工现场的实际条件等,选用适当的测设方法。

### 一、直角坐标法

建筑物附近已有互相垂直的建筑基线或建筑方格网时,可采用直角坐标法来确定一点的平面位置。如图4-46 所示,已知某建筑物角点 $P$ 的设计坐标,又知现场 $P$ 点周围有建筑方格网顶点 $A$,$B$ 和 $C$,其坐标已知,且 $AB$ 平行于 $Y$ 轴,$AC$ 平行于 $X$ 轴,现介绍用直角坐标法测设 $P$ 点的方法和步骤。

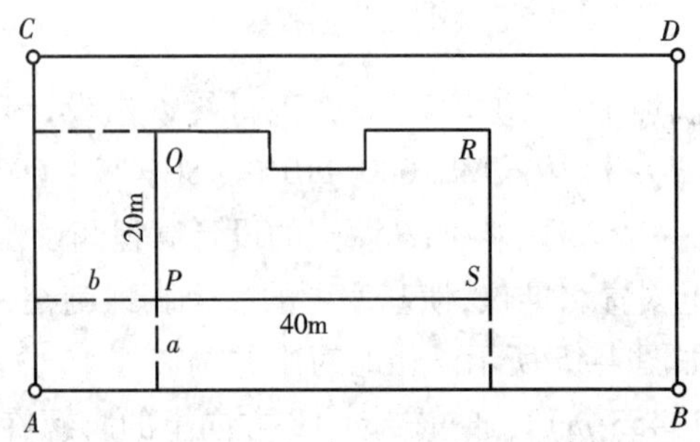


图4-46 直角坐标法

(1)根据 $A$ 点和 $P$ 点的坐标计算测设数据 $a$ 和 $b$,其中 $a$ 是 $P$ 到 $AB$ 的垂直距离,$b$ 是 $P$ 到 $AC$ 的垂直距离,算式为

$$\begin{cases} a = X_P - X_A, \\ b = Y_P - Y_A。 \end{cases} \tag{4-10}$$

例如,若 $A$ 点坐标为(568.267,256.475),$P$ 点的坐标为(603.400,297.500),则代入式(4-10)得:

$$a = 603.400 - 568.267 = 35.133\ \text{m};$$
$$b = 297.500 - 256.475 = 41.025\ \text{m}。$$

(2)现场测设 $P$ 点。

①如图 4-47 所示，安置经纬仪于 $A$ 点，照准 $B$ 点，沿视线方向测设距离 $b=41.025$ m，定出点 1。

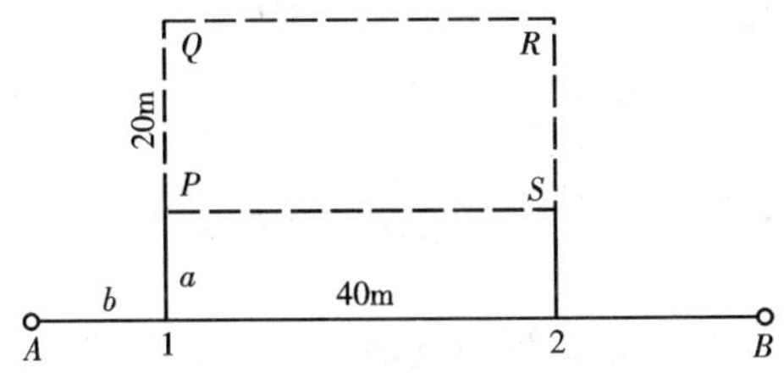


图 4-47　现场测设 $P$ 点

②安置经纬仪于点 1，照准 $B$ 点，逆时针方向测设 90°角，沿视线方向测设距离 $a=35.133$ m，即可定出 $P$ 点。

也可根据现场情况，选择从 $A$ 往 $C$ 方向测设距离 $a$ 定点，然后在该点测设 90°角，最后再测设距离 $b$，在现场定出 $P$ 点。如要同时测设多个坐标点，只需综合应用上述测设距离和测设直角的操作步骤，即可完成。

直角坐标法计算简单，在建筑物与建筑基线或建筑方格网平行时应用得较多，但测设时设站较多，只适用于施工控制为建筑基线或建筑方格网，并且便于量边的情况下使用。

## 二、极坐标法

极坐标法是根据水平角和水平距离来测设点的平面位置的方法。如图 4-48 所示，$A$，$B$ 点是现场已有的两个测量控制点，其坐标为已知，$P$ 点为待测设的点，其坐标为已知的设计坐标，测设方法如下：

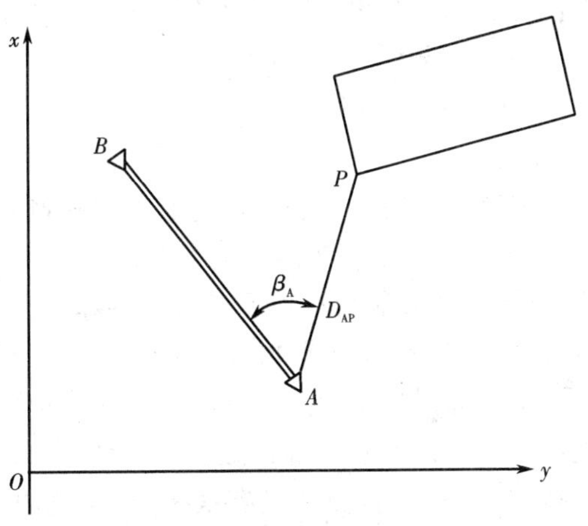


图 4-48　极坐标法测设

(1) 根据 $A$，$B$ 点和 $P$ 点来计算测设数据 $D_{AP}$ 和 $\beta_A$，测站为 $A$ 点，其中 $D_{AP}$ 是 $A$，$P$ 之间的水平距离，$\beta_A$ 是 $A$ 点的水平角 $\angle PAB$。根据坐标反算公式，水平距离 $D_{AP}$ 为

$$D_{AP}=\sqrt{x_{AP}^2+y_{AP}^2}\text{。} \tag{4-11}$$

水平角 $\angle PAB$ 为

$$\beta_A = \alpha_{AP} - \alpha_{AB}, \tag{4-12}$$

式中 $\alpha_{AB}$为 $AB$ 的坐标方位角,$\alpha_{AP}$为 $AP$ 的坐标方位角。其计算式为:

$$\begin{cases} \alpha_{AB} = \arctan^{-1}\dfrac{y_{AB}}{x_{AB}}, \\ \alpha_{AP} = \arctan^{-1}\dfrac{y_{AP}}{x_{AP}}。\end{cases} \tag{4-13}$$

(2)现场测设 $P$ 点。

安置经纬仪于 $A$ 点,瞄准 $B$ 点;顺时针方向测设 $\beta_A$ 角定出 $AP$ 方向,由 $A$ 点沿 $AP$ 方向用钢尺测设水平距离 $D_{AP}$即得 $P$ 点。

例如,设控制点 $A$ 的坐标为(375.078,914.733),$B$ 的坐标为(452.564,862.631),待测设点 $P$ 的坐标为(404.320,926.530),代入上述各式计算可得水平距离 $D_{AP}$ = 31.532 m,水平角 = 55°53′16″(先计算 $AB$ 的方位角 = 326°04′58″,$AP$ 的方位角 = 21°58′14″)。测设时安置经纬仪于 $A$ 点,照准 $B$ 点,顺时针方向测设水平角 55°53′16″,并在视线方向上用钢尺测设水平距离 31.532 m,即得 $P$ 点。

也可在 $A$ 点安置经纬仪后,先瞄准 $B$ 点,将水平度盘读数配为 $AB$ 方向的方位角值(如上例的 326°04′58″),然后旋转照准部,当水平度盘读数为 $AP$ 方向的方位角时(如上例的 21°58′14″),即为测设 $P$ 点的视线方向,沿此方向用钢尺量水平距离 $D_{AP}$即得点。用此方法只需计算方位角而不必计算水平角,减少了计算工作量,当在一个测站上一次测设多个点时,节省的计算工作量更多,因此在实际工作中一般用此方法进行极坐标法测设。

如果在一个测站上测设建筑物的四个定位角点,测完后要用钢尺检核四条边的长度是否与设计值相符,用经纬仪检核四个角是否为 90°,边长误差和角度应在限差以内。

极坐标法只需在一个测站,就可以测设很多个点,效率很高,但要求量边方便。另外,采用电子全站仪测设坐标点时,由于全站仪测角量边都很方便,所以一般都采用极坐标法。

## 三、角度交会法

角度交会法是在两个或多个控制点上安置经纬仪,通过测设两个或多个已知角度交会出待定点的平面位置,这种方法又称为方向交会法。在待定点离控制点较远或量距较困难的地区,常用此法。

如图 4-49 所示,根据控制点 $A$,$B$,$C$ 和放样点 $P$ 的坐标计算角值分别是 $\beta_1$,$\beta_2$,$\beta_3$。将经纬仪安置在控制点 $A$ 上,后视点 $B$,根据已知水平角 $\beta_1$,盘左盘右取平均值放样出 $AP$ 方向线。在 $AP$ 方向线上的 $P$ 点附近打两个小木桩,桩顶钉小钉,如图 4-49 中 1,2 两点。同法,分别在 $B$,$C$ 两点安置经纬仪,放样出 3,4 和 5,6 四个点,分别表示 $BP$ 和 $CP$ 的方向线。将各方向的小钉用细线拉紧,在地面上拉出三条线,若交会没有误差,三条线将交于一点,即为所求的 $P$ 点。若三条方向线不相交于一点时,会出现一个很小的三角形,称为误差三角形。当误差三角形的边长不超过 4 cm 时,可取误差三角形的中心作为所求 $P$ 点的位置。若误差三角形的边长超限,则应重新放样。

## 四、距离交会法

距离交会法是根据测设的两段距离交会出点的平面位置。这种方法在场地平坦,量距方

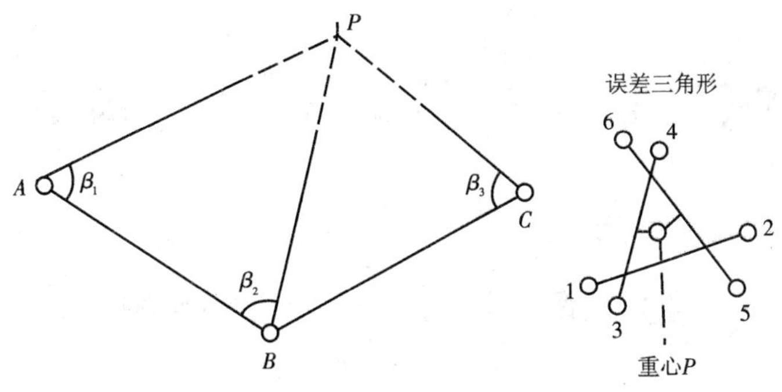


**图 4-49　角度交会法**

便，且控制点离测设点不超过一尺段长时，使用较多。

如图 4-50 所示，$A$,$B$ 为已知平面控制点，$P$ 为待测设点，其坐标均为已知。

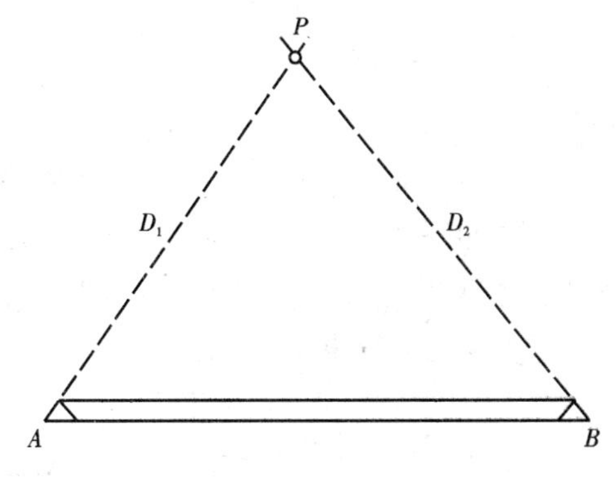


**4-50　距离交会法**

首先，根据 $P$ 点的设计坐标和控制点 $A$,$B$ 的坐标，先计算放样数据 $D_1$,$D_2$。放样时，用钢尺分别以控制点 $A$,$B$ 为圆心，以 $D_1$,$D_2$ 为半径，在地面上画弧，交于 $P$ 点。距离交会法的优点是不需要仪器，但精度较低，在施工中放样细部时，常用此法。

# 第五章 建筑施工控制测量

## 第一节 施工控制网的概述

建筑工程测量与地形测量一样,也必须遵循“由整体到局部,先控制后细部,步步有检核”的原则。在施工之前,应该先在施工现场建立统一的施工平面控制网和高程控制网,然后以此为基础,再放样建筑物的细部位置、轴线投测以及变形监测和竣工测量等。遵循这样的测量原则,可以减少误差积累,保证放样的精度,同样还能尽量避免在实际工作时因建筑物众多,施工现场复杂而引起的放样工作紊乱。

在勘测设计阶段,虽然在测图时已经布设了控制网,但是由于其主要是为测图服务,控制点的点位是根据具体的地形情况来确定的,而几乎没有考虑待建建筑物或构筑物的总体布局,因而在点位的分布与密度方面都不能满足施工测量的要求。在施工前,建筑工程施工现场平整场地时进行了土方的填挖,原来布设的控制点或多或少会受到毁坏;在测量精度上,测图控制网的精度按测图比例尺的大小来确定,而施工控制网的精度则要根据工程建设的性质来决定,通常要高于测图控制网。因此,为了进行建筑工程施工放样测量,保证工程建设质量,在施工前还必须以测图控制点为定向条件,重新建立施工控制网。

控制网一般分为平面控制网和高程控制网,这一点,施工控制网与测图控制网一样。平面控制网常采用三角网、导线网、建筑基线或建筑方格网等,而高程控制网一般都采用水准网。

在布设施工平面控制网时,应根据总平面图和施工地区的地形条件来确定。当拟建建筑物所在地的地形起伏比较大,而通视条件较好时,一般采用三角网的形式扩展原有控制网;对于地形平坦但是通视又比较困难的地区,例如改建或扩建工程的场地,则采用导线网;对于建筑物多为矩形且布置比较规则和密集的建筑工程场地,可以将施工控制网布设成规则的矩形网格,即建筑方格网;对于地面平坦而又简单的小型施工场地,常布置一条或几条建筑基线即可。总之,施工控制网的布设形式应与设计总平面图的布局相一致。

施工控制网与测图控制网相比,具有以下特点:

(1)受施工干扰较大。

工程建设的现代化施工通常采用平行交叉作业的方法,这就使工地上各种建筑物的施工高度有时会相差较大,因此会妨碍控制点之间的相互通视。另外,现场的施工机械的布置(例如塔吊、混凝土搅拌机、推土机等)也会阻碍视线。因此,施工控制点的位置应布设恰当,密度较大,以便在工作时能有更多的选择。

(2)控制范围小,控制点的密度大,精度要求高。

与测图的范围相比,工程施工的区域相对来说是比较小的,但是在施工控制网所控制的范围之内,各种建筑物的分布错综复杂,因而没有较为稠密的控制点是无法进行放样工作的。

施工控制网的主要任务是进行建筑物轴线的放样。这些轴线的位置偏差都有一定的限值,例如,厂房主轴线的定位精度要求为 2 cm。因此,施工控制网的精度比测图控制网的精度要高。

(3)布网等级宜采用两级布设。

在工程建设中,各建筑物轴线之间几何关系的要求,比它们的细部相对于各自轴线的要求精度要低得多。因此在布设建筑工地施工控制网时,采用两级布网的方案是比较合适的。即首先建立布满整个工地的施工控制网,目的是放样各个建筑物的主要轴线。然后,为了进行建筑物或主要附属设备的细部放样,还要根据由施工控制网所定出的建筑物主轴线建立矩形控制网。

综上所述,施工控制网的布设应作为整个工程施工设计的一部分。布网时必须考虑施工的程序、方法,以及施工场地的布置情况。施工控制网的设计点位应标在施工设计的总平面图上。

# 第二节　平面施工控制网

## 一、建筑基线

### 1. 建筑基线的布设

建筑基线是建筑场地的施工控制基准线,即在场地中央放样一条长轴线和若干条与其垂直的短轴线。这种施工控制方式适用于建筑设计总平面图布置比较简单的小型建筑场地。

建筑基线的布设形式是根据建筑物的分布、场地地形等因素来确定的。其常见的形式有"L"形、"一"字形、"T"形和"十"字形等,如图 5-1 所示。

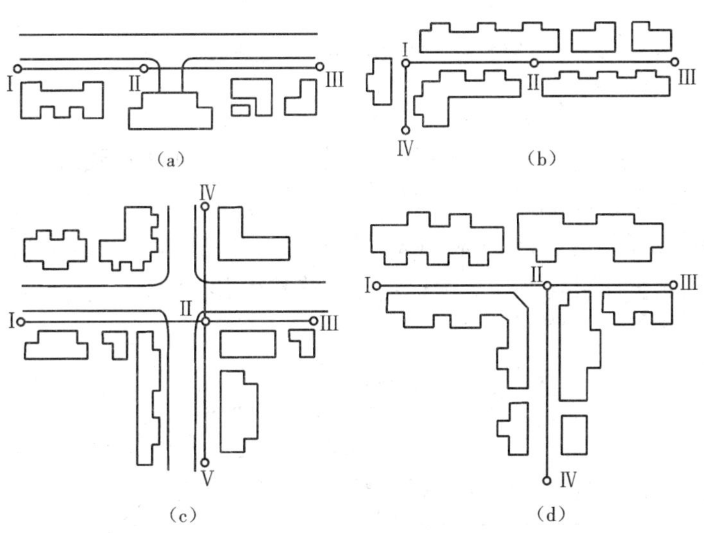


图 5-1　建筑基线的布设形式

### 2. 建筑基线的布设要求

(1)主轴线应尽量位于场地中心,并与主要建筑物轴线平行,主轴线的定位点应不少于三个,以便相互检核。

(2)建筑基线应尽可能地靠近拟建建筑物,尽可能地与施工场地的建筑红线相连,以便于用比较简单的直角坐标法进行建筑物的放样。

(3)基线点位应选在通视良好和不易被破坏的地方,且要设置成永久性控制点,如设置成混凝土桩或石桩。

**3. 建筑基线的测设方法**

根据建筑场地的条件不同,建筑基线的测设方法主要有以下两种:

(1)根据建筑红线或中线放样。

建筑红线也就是建筑用地的界定基准线,是由城市测绘部门测定,在城市建设区,它可用作建筑基线放样的依据。如图 5-2 所示,$AB$,$AC$ 是建筑红线,从 $A$ 点沿 $AB$ 方向测量,量取距离 $D_{AP}$定出 $P$ 点,用木桩标定下来;通过 $C$ 点作红线 $AC$ 的垂线,并量取距离 $D_{AP}$标定出 3 点,使用相同方法定出 $Q$ 点和 2 点。然后用细线拉出直线 $P_3$ 和 $Q_2$,两直线相交即得到 1 点,并用木桩标定。也可分别安置经纬仪于 $P$,$Q$ 两点,交会出 1 点。则 1,2,3 点即为建筑基线点,这样就布设了 12,13 这两条建筑基线。将经纬仪安置于 1 点,检测∠312 是否为直角,其不符值应不超过 ±20″。

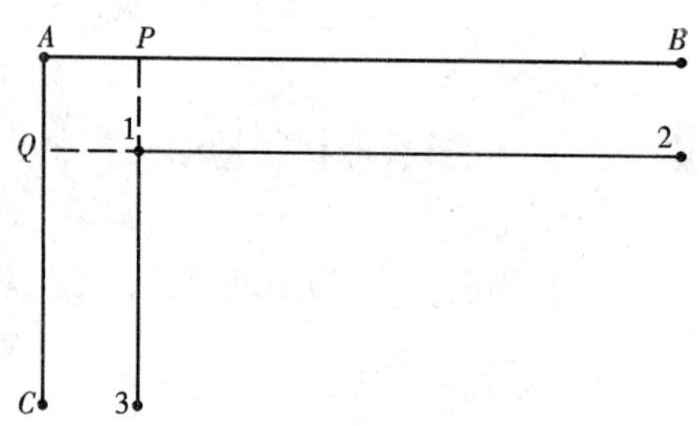


**图 5-2　建筑基线用建筑红线放样**

(2)利用测量控制点放样。

对于新建筑区,在建筑场地中没有建筑红线作为依据时,可利用建筑基线的设计坐标和附近已有测量控制点的坐标,按照极坐标放样方法计算出放样数据($P$ 和 $Q$),然后进行放样。

以"一"字形建筑基线为例,说明利用测量控制点放样建筑基线点的方法。如图 5-3 所示,$A$,$B$ 为附近已有的测量控制点,1,2,3 为选定的建筑基线点。

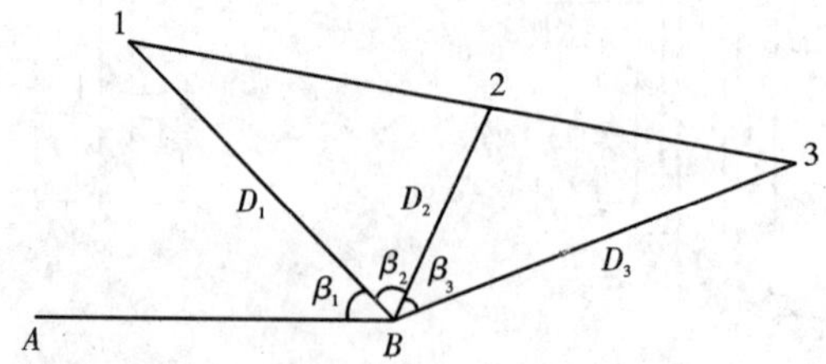


**图 5-3　建筑基线用建筑控制点放样**

首先,利用已知坐标反算放样数据 $\beta_1$,$\beta_2$,$\beta_3$ 和 $D_1$,$D_2$,$D_3$,然后,用经纬仪和钢尺按极坐标法放样 1,2,3 点(也可使用全站仪放样)。由于测量误差不可避免,放样的基线点往往不在同一直线上，且点与点之间的距离与设计值也不完全相符。因此，需要精确测出已放样直线的折角 $\beta'$ 和距离 $D'$（图 5-3 中 12，23 边的边长 $a$ 和 $b$），并与设计值相比较。不符值 $\Delta\beta=\beta'-180°$，若 $\Delta\beta$ 超过 ±15″，则应对 1′，2′，3′点在横向进行等量调整，如图 5-4 所示。调整量按式（5-1）计算：

$$\delta=\frac{ab}{a+b}\times\frac{\beta}{2\rho},\tag{5-1}$$

式中　$\delta$——各点的调整值；

$a$，$b$——12，23 的长度（m）。

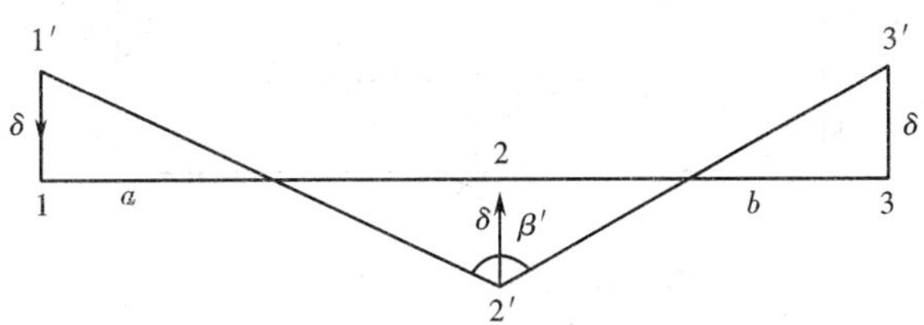


图 5-4　横向等量调整

## 二、建筑方格网

### 1. 建筑方格网的布设

在大中型建筑场地上，由正方形或矩形组成的施工控制网，称为建筑方格网。方格网的形式有正方形、矩形两种。建筑方格网的布设应根据总平面图上各种已建和待建的建筑物、道路及各种管线的布设情况，结合现场的地形条件来确定。设计时先选定方格网的主轴线，然后再布置其他的方格点。方格网是场区建（构）筑物放线的依据，布网时应考虑以下几点：

（1）建筑方格网的主轴线位于建筑场地的中央，并与主要建筑物的轴线平行或垂直，使方格网点尽量接近于测设的对象。

（2）方格网的转折角应严格成 90°。

（3）方格网的边长一般为 100 ~ 200m，边长的相对精度一般为 1/20 000 ~ 1/10 000。

（4）按照实际地形布设，使控制点位于测角、量距比较方便的地方，并使埋设标桩的高程与场地的设计标高相差较小。

（5）当场地面积不大时，宜布设成全面方格网。若场地面积较大，应分二级布设，首级可采用“十”字形、“口”字形或“田”字形，然后，再加密方格网。

建筑方格网的轴线与建筑物轴线平行或垂直，因此，用直角坐标法进行建筑物的定位、放线较为方便，且精度较高。但由于建筑方格网必须按总平面图的设计来布置，放样工作量成倍增加，其点位缺乏灵活性，易被毁坏，所以在全站仪逐步普及的条件下，正慢慢被导线网或三角网所代替。

### 2. 建筑方格网的测设

（1）主轴线放样。

如图 5-5 所示，$MN$，$CD$ 为建筑方格网的主轴线，它是建筑方格网扩展的基础。当场区很大时，主轴线很长，一般只测设其中的一段，如图中的 $AOB$ 段。该段上 $A$，$B$，$O$ 点是主轴线的主位点,称为主点。主点的施工坐标一般由设计单位给出,也可在总平面图上用图解法求得一点的施工坐标后,再按主轴线的长度推算其他主点的施工坐标。当施工坐标系与国家测量坐标系不一致时,在施工方格网测设之前,还应先把主点的施工坐标换算成为测量坐标,以便求得测设数据。

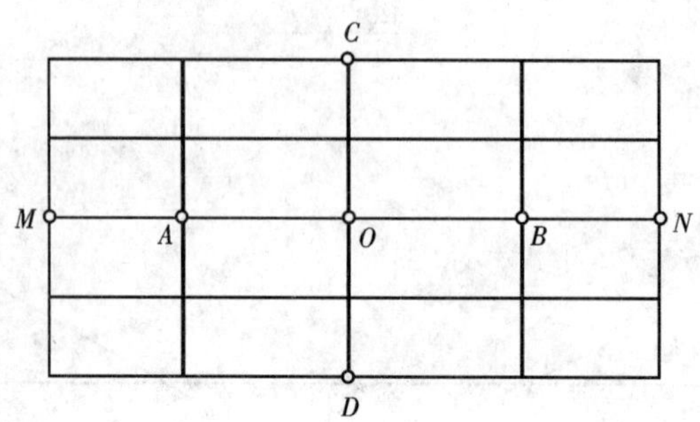


图 5-5 建筑方格网的布设

如图 5-5 所示,测设方格网主轴线 $AOB$ 的方法与建筑基线测设方法相同,但 $\angle AOB$ 与 180°的差值应满足限差要求,若超过限差,应进行调整,直到误差在允许范围内为止。

$A,O,B$ 三个主点测设好后,如图 5-6 所示,将经纬仪安置在 $O$ 点,瞄准 $A$ 点,分别向左、向右转 90°,测设另一主轴线 $COD$,同样用混凝土桩在地上定出其概略位置 $C'$ 和 $D'$。然后精确测出 $\angle AOC'$ 和 $\angle AOD'$,分别算出它们与 90°之差 $\varepsilon_1$ 和 $\varepsilon_2$,并计算出调整值,调整值的计算公式为:

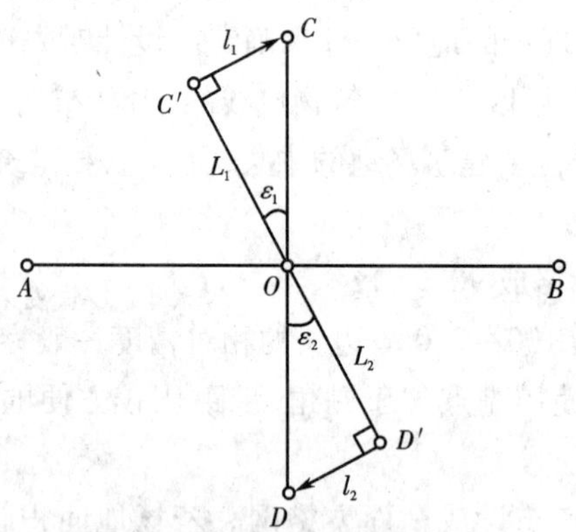


图 5-6 主轴线主点的调整

$$l = L \times \frac{\varepsilon''}{\rho''},\qquad (5\text{-}2)$$

式中 $L$——$DC'$或 $OD'$的长度。

将 $C'$沿垂直于 $OC'$的方向移动 $l_1$ 距离得 $C$ 点,将 $D'$沿垂直于 $OD'$的方向移动 $l_2$ 距离得 $D$ 点。点位改正后,应检查两主轴线的交角及主点间距离,均应在规定限差之内。建筑方格网的主要技术要求见表 5-1。

表 5-1　建筑方格网的主要技术指标

| 等级 | 边长(m) | 测角中误差 | 边长相对中误差 | 测角检测限差 | 边长检测限差 |
|---|---|---|---|---|---|
| Ⅰ | 100～300 | ±5″ | 1/30 000 | 10″ | 1/15 000 |
| Ⅱ | 100～300 | ±8″ | 1/20 000 | 16″ | 1/10 000 |

(2)方格网点的放样。

主轴线测设好后,分别在主轴线端点安置经纬仪,均瞄准 $O$ 点,分别向左、右精密地测设出 90°,这样就形成“田”字形方格网点。为了进行校核,还要在方格网点上安置经纬仪,精确测量其角值是否为 90°,并测量各相邻点间的距离,看其是否与设计边长相等,误差均应在允许的范围之内。此后再以基本方格网点为基础,加密方格网中其余各点。

(3)施工坐标系与测量坐标系的坐标换算。

所谓施工坐标系统,就是以建筑物的主要轴线作为坐标轴而建立起来的局部坐标系统。施工坐标系的坐标轴通常与建筑物主轴线的方向一致,坐标原点设置在总平面图的西南角上,纵轴记为 $x'$轴,横轴记为 $y'$轴,用 $x'$,$y'$坐标定各建筑物的位置。

在设计总平面图上,建筑物的平面位置是采用施工坐标系统的坐标表示的,而已有测量控制点的坐标是在测图坐标系中,它们往往不一致。因此,在计算放样数据时,应先将放样数据统一到同一坐标系中。

设放样点 $P$ 在施工坐标系 $x'o'y'$ 中的坐标为($x'_P$,$y'_P$),在测图坐标系 $xoy$(或大地坐标系)中的坐标为($x_P$,$y_P$)。两坐标系的位置关系如图 5-7 所示。

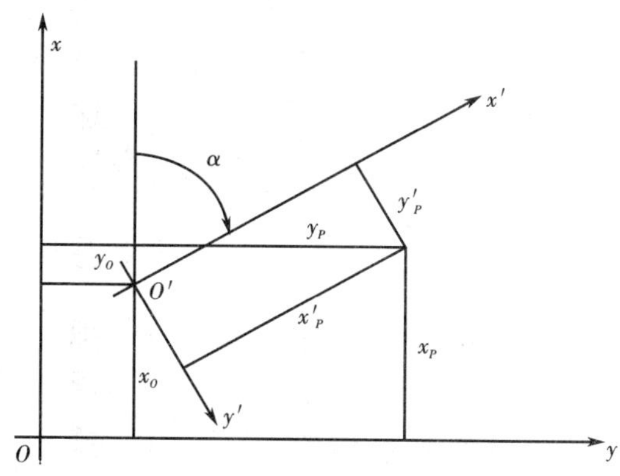


图 5-7　测图坐标系与施工坐标系

若将 $P$ 点的施工坐标转化为测图坐标,其换算公式为:

$$\begin{cases} x_p = x_0 + x'_p\cos\alpha - v'_p\sin\alpha, \\ v_p = v_0 + x'_p\sin\alpha + v'_p\cos\alpha。 \end{cases} \tag{5-3}$$

若将 $P$ 点的测图坐标转化为施工坐标,其换算公式为:

$$\begin{cases} x'_p = (x_p - x_0)\cos\alpha + (v_p - v_0)\sin\alpha, \\ v'_p = -(x_p - x_0)\sin\alpha + (v_p - v_0)\cos\alpha。 \end{cases} \tag{5-4}$$

式中　$\alpha$——两坐标系之间的夹角。

## 第三节　高程施工控制网

建筑施工场地的高程控制测量一般采用水准测量方法,应根据施工场地附近的国家或城市已知水准点,测定施工场地水准点的高程,以便纳入统一的高程系统。在一般情况下,施工场地平面控制点也可兼作高程控制点,只要在平面控制点桩面上中心点旁边,设置一个突出的半球状标志即可。为了便于检核和提高测量精度,施工场地高程控制网应布设成闭合或附合路线。高程控制网可分首级网格和加密网格,相应的水准点称为基本水准点和施工水准点。

基本水准点应布设在土质坚实、不受施工影响、无震动和便于实测的地方,并埋设永久性标志。一般情况下,按四等水准测量的方法测定其高程,而对于为连续性生产车间或地下管道测设所建立的基本水准点,则需按三等水准测量的方法测定其高程。为了便于成果检核和提高测量精度,场地高程控制网应布设成闭合环线、附合路线或结点网形。加密水准路线可按图根水准测量的要求进行布设,加密水准点可埋设成临时标志,尽可能靠近施工建筑场地,便于使用。

施工水准点是用来直接测设建筑物高程的。为了测设方便和减少误差,施工水准点应靠近建筑物,通常可以采用建筑方格网点的标志桩加设圆头钉作为施工水准点。

为了放样方便,在每栋较大的建筑物附近,还要布设 ±0.000 水准点(一般以底层建筑物的地坪标高为 ±0.000),其位置多选在较稳定的建筑物墙、柱的侧面,用红油漆绘成上顶为水平线的“▼”形,其顶端表示 ±0.000 位置。但要注意各建筑物的绝对高程不一定相同。

# 第六章　建筑施工测量

施工测量的任务是按照设计的要求，把建筑物的位置测设到地面上，并配合施工以保证工程质量。进行施工测量之前除了应对所使用的测量仪器和工具进行校验外，还需要做好以下准备工作。

**1. 熟悉设计图纸**

设计图纸是施工测量的依据，在测设前应从设计图纸上了解施工的建筑物与相邻地物的相互关系，以及建筑物的尺寸和施工的要求等。对于各设计图纸的有关尺寸应仔细核对，以免出现差错。

**2. 现场踏勘**

现场踏勘的目的是了解现场的地物、地貌和原有测量控制点的分布情况，并调查与施工测量有关的问题。对建筑场地的平面控制点、水准点要进行检核，获得正确的测量起始数据和点位。

**3. 制定设计方案**

根据设计要求、定位条件、现场地形和施工方案等因素制定设计工方案。

**4. 准备设计数据**

除了计算必要的放样数据外，尚需从建筑总平面图和建筑平面图上查取房屋内部的平面尺寸和高程数据。

(1)从建筑总平面图上查取或计算待放样建筑物与原有建筑物或测量控制点之间的平面尺寸和高差，作为测设建筑物总体位置的依据。

(2)从建筑平面图中查取待放样建筑物的尺寸和内部各定位轴线之间的尺寸关系，这些作为施工放样的基本资料。

(3)从基础平面图上查取基础边线与定位轴线的平面尺寸，以及基础布置与基础剖面位置关系。

(4)从基础详图中查取基础立面尺寸、设计标高，以及基础边线与定位轴线的尺寸关系，这是基础高程放样的依据。

(5)从待放样建筑物的立面图和剖面图中，可以查取基础、地坪、门窗、楼板、屋架和屋面等设计高程，作为高程测设的主要依据。

## 第一节　建筑物的定位和放线

### 一、建筑物的定位

建筑物四周外轮廓主要轴线的交点决定了建筑物在地面上的位置，称为定位点或角点。建筑物的定位就是在地面上确定建筑物的位置，即根据设计条件，将建筑物外廓的各轴线交点测设到地面上，作为细部轴线放线和基础放线的依据。由于设计条件和现场条件不同，建筑物的定位方法也有所不同，下面介绍三种常见的定位方法。

**1. 根据控制点定位**

如果待定位建筑物的定位点设计坐标是已知的，且附近有可供利用的导线测量控制点和三角测量控制点，可根据实际情况选用极坐标法、角度交会法或距离交会法来测设定位点，测设数据的计算和现场测设方法见有关章节。在这三种方法中，极坐标法适用性最强，是用得最多的一种定位方法。

**2. 根据建筑方格网和建筑基线定位**

如果待定位建筑物的定位点设计坐标是已知的，且建筑场地已设有建筑方格网或建筑基线，可利用直角坐标法测设定位点，当然也可用极坐标法等其他方法进行测设。比较而言，直角坐标法所需要的测设数据计算较为方便，在用经纬仪和钢尺实地测设时，建筑物总尺寸和四大角的精度容易控制和检核。

**3. 根据与原有建筑物和道路的关系定位**

如果设计图上没有提供建筑物定位点的坐标，周围也没有测量控制点、建筑方格网和建筑基线可供利用，只给出新建筑物与附近原有建筑物或道路的相互关系，可根据原有建筑物的边线或道路中心线，将新建筑物的定位点测设出来。

具体测设方法根据实际情况不同而定，但基本过程是一致的，就是在现场先找出原有建筑物的边线或道路中心线，再用经纬仪和钢尺将其延长、平移、旋转或相交，得到新建筑物的一条定位轴线。然后根据这条定位轴线，用经纬仪测设角度（一般为90°），用钢尺测设长度，得到其他定位轴线或定位点。最后检核四个大角和四条定位轴线长度是否与设计值一致。下面对两种情况进行具体分析。

（1）根据与原有建筑物的关系定位。

如图6-1所示，$ABCD$为原有建筑物，$MNQP$为新建高层建筑，$M'N'Q'P'$为该高层建筑的矩形控制网（在基槽外，作为开挖后在各施工层上恢复中线或轴线的依据）。

根据原有建（构）筑物定位，常用的方法有三种：延长线法、平行线法、直角坐标法。而由于定位条件的不同，各种方法又可分成两类：一类是如图6-1（a）所示，它是仅以一栋原有建筑物的位置和方向为准，用各（a）图中所示的$y$，$x$值确定新建高层建筑物位置；另一类则是以一栋原有建筑物的位置和方向为主，再加另外的定位条件，如各（b）图中$G$为现场中的一个固定点，$G$至新建高层建筑物的距离$y$，$x$是定位的另一个条件。

①延长线法。

如图6-1（1）所示，是先根据$AB$边，定出其平行线$A'B'$，安置经纬仪在$B'$，后视$A'$，用正倒镜法延长$A'B'$直线至$M'$。若为图（a）情况，则再延长至$N'$，移经纬仪在$M'$和$N'$上，定出$P'$和$Q$，最后校测各对边长和对角线长；若为图（b）情况，则应先测出$G$点至$BD$边的垂距$yG$，才可以确定$M'$和$N'$位置。一般可将经纬仪安置在$BD$边的延长点$B'$，以$A'$为后视，测出$\angle A'B'G$，用钢尺量出$B'G$的距离，则$yG = B'G \times \sin(\angle A'B'G - 90°)$。

②平行线法。

如图6-1（2），是先根据$CD$边，定出其平行线$C'D'$。若为图（a）情况，新建高层建筑物的定位条件是其西侧与原有建筑物西侧同在一直线上，两建筑物南北净间距为$x$，则由$C'D'$可直

接测出 $M'N'Q'P'$矩形控制网；若为图（b）情况，则应先由 $C'D'$测出 $G$ 点至 $CD$ 边的垂距和 $G$ 点至 $AC$ 延长线的垂距，才可以确定 $M'$和 $N'$位置，具体测法与前基本相同。

③直角坐标法。

如图 6-1（3），是先根据 $CD$ 边，定出其平行线 $C'D'$。若为图（a）情况，则可按图示定位条件，由 $C'D'$直接测出 $M'N'Q'P'$矩形控制网；若为图（b）情况，则应先测出 $G$ 点至 $BD$ 延长线和 $CD$ 延长线的垂距和，然后即可确定 $M'$和 $N'$位置。

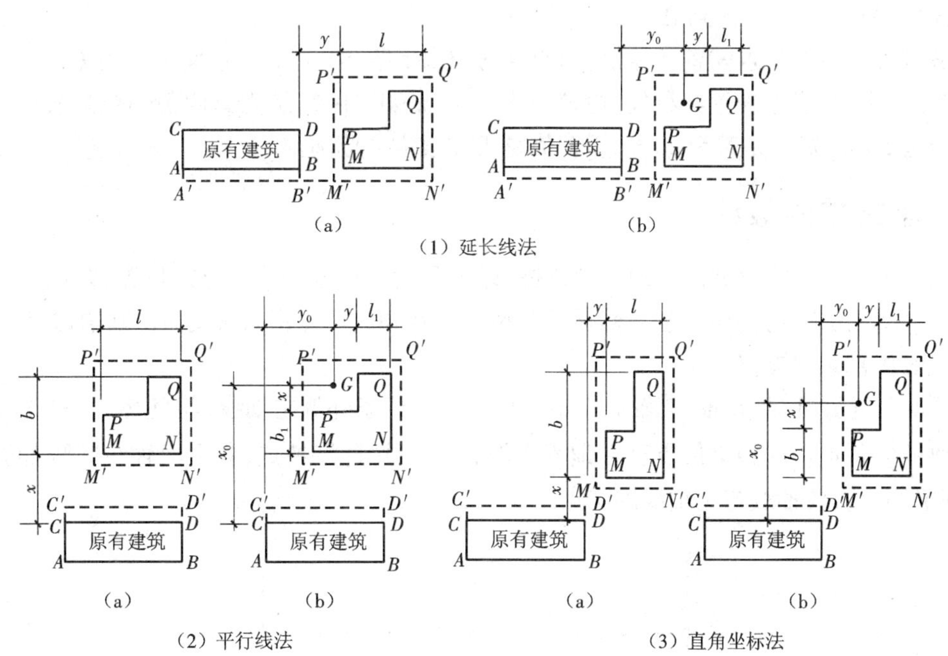


**图 6-1　根据原有建筑物定位**

（2）根据与原有道路的关系定位。

如图 6-2 所示，拟建建筑物的轴线与道路中心线平行，轴线与道路中心线的距离如图所示，测设方法如下：

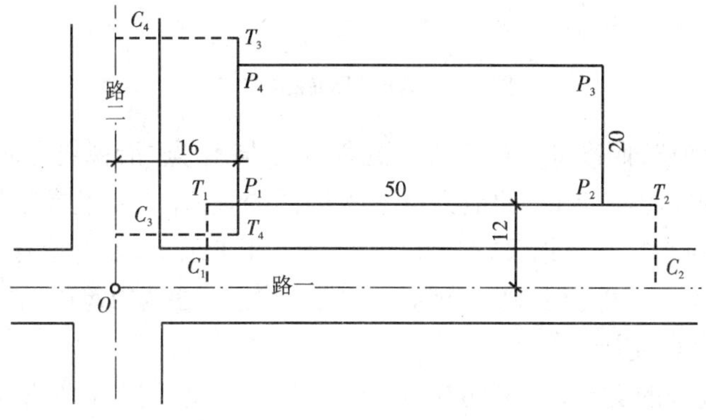


**图 6-2　与原有道路的关系定位**

①在每条道路上选两个合适的位置，分别用钢尺测量该处道路宽度，其宽度的1/2处即为道路中心点。如此得到第一条道路中心线的两个点 $C_1$ 和 $C_2$，同理得到另一条道路中心线的两个点 $C_3$ 和 $C_4$。

②分别在路一的两个中心点上安置经纬仪，测设90°，用钢尺测设水平距离16 m，在地面上得到路一的平行线 $T_1T_2$，用同样的方法做出路二的平行线 $T_3T_4$。

③用经纬仪内延或外延这两条线，其交点即为拟建建筑物的第一个定位点 $P_1$，再从 $P_1$ 沿长轴方向的平行线50 m，得到第二个定位点 $P_2$。

④分别在 $P_1$ 和 $P_2$ 点安置经纬仪，测设直角和水平距离20 m，在地面上定出 $P_3$ 和 $P_4$ 点。在 $P_1$，$P_2$，$P_3$ 和 $P_4$ 点上安置经纬仪，检核角度是否为90°，用钢尺丈量四条轴线的长度，检核长轴是否为50 m，短轴是否为20 m，误差值是否在限定的范围内。

## 二、建筑物的放线

建筑物的放线是指根据定位的主轴线桩，详细测设其他各轴线交点的位置，并用木桩（桩上钉小钉）标定出来，称为中心桩。然后据此按基础宽和放坡宽用白灰线撒出基槽边界线。

**1. 测设细部轴线交点**

如图6-3所示，$A$ 轴，$E$ 轴，①轴和⑦轴是建筑物的四条外墙主轴线，其交点 $A_1$，$A_7$，$E_1$ 和 $E_7$ 是建筑物的定位点。这些定位点已在地面上测设完毕并打好桩点，各主次轴线间隔如图6-3所示，现欲测设次要轴线与主轴线的交点。

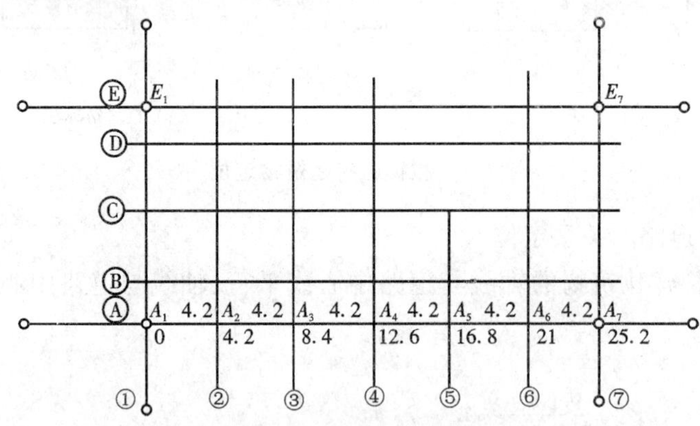


**图6-3 测设细部轴线交点**

在 $A_1$ 点安置经纬仪，照准 $A_7$ 点，把钢尺的零端对准 $A_1$ 点，沿视线方向拉钢尺，在钢尺上读数等于①轴和②轴间距(4.2 m)的地方打下木桩，打的过程中要经常用仪器检查桩顶是否偏离视线方向，并不时地拉一下钢尺，钢尺读数是否还在桩顶上，如有偏移要及时调整。打好桩后，用经纬仪视线指挥在桩顶上画一条纵线，再拉好钢尺，在读数等于轴间距处画一条横线，两线交点即 $A$ 轴与②轴的交点 $A_2$。

在测设 $A$ 轴与③轴的交点 $A_3$ 时，方法同上，注意仍然要将钢尺的零端对准点，并沿视线方向拉钢尺，而钢尺读数应为①轴和③轴间距(8.4 m)，这种做法可以减小钢尺对点误差，避免轴线总长度变化。如此依次测设 $A$ 轴与其他有关轴线的交点。测设完最后一个交点后，用钢尺检查各相邻轴线桩的间距是否等于设计值,相对误差应小于1/3 000。

测设完 $A$ 轴上的轴线点后,用同样的方法测设 $E$ 轴、①轴和⑦轴上的轴线点。如果建筑物尺寸较小,也可用拉细线绳的方法代替经纬仪定线,然后沿细线绳拉钢尺量距。此时要注意细线绳不要碰到物体,风大时也不宜作业。

**2. 引测轴线**

在开挖基槽或基坑时,定位桩和细部轴线桩均会被挖掉,为了使开挖后各阶段施工能准确地恢复各轴线位置,应把各轴线延长到开挖范围以外的地方并做好标志,这个工作称为引测轴线,具体有设置龙门板和轴线控制桩两种形式。

(1)龙门板法。

如图6-4所示,在建筑物四角和中间隔墙的两端,距基槽边线约2 m以外,牢固地埋设大木桩,称为龙门桩,并使桩的一侧平行于基槽。

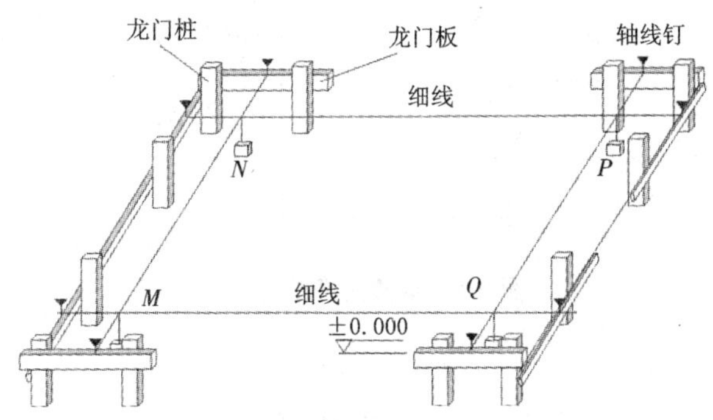


**图6-4　龙门板法**

①根据附近水准点,用水准仪将±0.000标高测设在每个龙门桩的外侧上,并画出横线标志。如果现场条件不允许,也可测设比±0.000高或低一定数值的标高线。同一建筑物最好只用一个标高,如因地形起伏大用两个标高时,一定要标注清楚,以免使用时发生错误。

②在相邻两龙门桩上钉设木板,称为龙门板,龙门板的上沿应和龙门桩上的横线对齐,使龙门板的顶面标高在一个水平面上,并且标高为±0.000,或高于、低于±0.000一定的数值,龙门板顶面标高的误差应在±5 mm以内。

③根据轴线桩,用经纬仪将各轴线投测到龙门板的顶面,并钉上小钉作为轴线标志,称为轴线钉,投测误差应在±5 mm以内。对小型的建筑物,也可用拉细线绳的方法延长轴线,再钉上轴线钉,如事先已打好龙门板,可在测设细部轴线的同时钉设轴线钉,以减少重复安置仪器的工作量。

④用钢尺沿龙门板顶面检查轴线钉的间距,其相对误差不应超过1/3 000。

⑤恢复轴线时,将经纬仪安置在一个轴线钉上方,照准相应的另一个轴线钉,其视线即为轴线方向,往下转动望远镜,便可将轴线投测到基槽或基坑内。也可用白线将相对的两个轴线钉连接起来,借助于垂球,将轴线投测到基槽或基坑内。

(2)轴线控制桩法。

由于龙门板需要较多木料,而且占用场地,使用机械开挖时容易被破坏,因此也可以在基槽或基坑外各轴线的延长线上测设轴线控制桩,作为以后恢复轴线的依据。即使采用了龙门板,为了防止被碰动,对主要轴线也应测设轴线控制桩。

轴线控制桩一般设在开挖边线 4 m 以外的地方,并用水泥砂浆加固。最好是附近有固定建筑物和构筑物,这时应将轴线投测在这些物体上,使轴线更容易得到保护,但每条轴线至少应有一个控制桩是设在地面上的,以便今后能安置经纬仪来恢复轴线。

轴线控制桩的引测主要采用经纬仪法,当引测到较远的地方时,要注意采用盘左和盘右两次投测取中法来引测,以减少引测误差和避免错误的出现。

**3. 撒开挖边线**

先按基础剖面图给出的设计尺寸,计算基槽的开挖宽度 $d$,如图 6-5 所示。

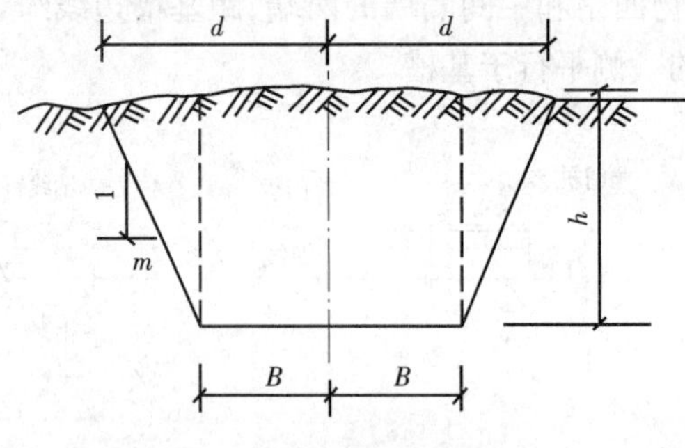


**图 6-5 基槽的开挖宽度**

$$d = B + mh, \tag{6-1}$$

式中 $B$ 为基底宽度,可由基础剖面图查取,$h$ 为基槽深度,$m$ 为边坡坡度的分母。然后根据计算结果,在地面上以轴线为中线往两边各量出 $d/2$,拉线并撒上白灰,即为开挖边线。如果是基坑开挖,则只需按最外围墙体基础的宽度及放坡确定开挖边线。

## 三、建筑物抄平测量

在建筑施工测量中,水准仪主要是担负各施工阶段中竖向高度的水准测量工作,即标高测量,若将同一标高测出并标在不同的位置,这种水准测量工作称为抄平。在具体的建筑施工测量中,建筑各个部位的施工高度控制与测设,必须依据施工总平面图与建筑施工图上设计的数据进行,在测设前应弄清楚施工场地上各水准控制点的位置,以及各建筑标高之间相互关系,同时掌握施工进度,提前做好测量和各项准备工作。水准测量的测设数据来源于建筑施工图,应对照建筑施工图反复检查核对有关测设数据,若发现施工图存在问题,应及时反映,得到设计方的设计变更通知后,才能按照制定的测设方案进行施测。

**1. 施工水准点的测设**

在施工场地上基本水准点的密度往往不能满足施工的要求,还需要增设一些水准点,这些水准点称为施工水准点。为了测设方便和减小误差,施工水准点应靠近建筑物,施工水准点的布置应尽可能满足安置一次仪器即可测设出所有点的高程,这样能提高施工水准点的精度。如果不能一次全部观测到,则应按照四等水准的精度要求测设各点且要布设成附合水准路线或者闭合水准路线。如果是高层建筑物则应按照三等水准测量的精度测设各施工水准点。测设完毕检验合格后，画出测设略图以保证施工时能准确使用。

**2. 室内地坪的测设**

由于设计建筑物常以底层室内地坪标高 ±0.000 为高程起算面，为了施工引测方便，常在建筑物内部或建筑物附近测设 ±0.000 水准点。±0.000 水准点的位置一般设在原有建筑物的墙、柱的侧面，用红漆绘成顶为水平线的“▼”形，其顶面高程为 ±0.000。±0.000 的确定，实质上就是在施工现场测设出第一层室内地坪 ±0.000 相等于绝对高程的位置，并标注在已有的建筑物上或标注在木桩上。

已知施工现场的水准点 $A$ 的高程为 $H_A$。在设计图纸上查得某建筑物第一层室内地坪 ±0.000 的高程相等于绝对高程，现要求在木桩 $B$ 上确定 $H_B$ 的位置，在 $A$,$B$ 两点的中间位置安置水准仪，照准 $A$ 点上的水准尺，精平后读出 $a$，利用 $b = H_A + a - H_B$ 算出 $b$ 值，将 $A$ 点水准尺移至 $B$ 点位置，水准尺立直，并紧靠在桩的侧面，水准仪精平后指挥扶尺人上、下移动水准尺，当视线方向(中丝)的读数刚好等于 $b$ 时，指挥立尺人沿水准尺底部在 $B$ 点木桩的侧面划一道线，此线即是 ±0.000 测设的位置，也就是地坪的高程，最后做好 ±0.000 的标记。

# 第二节 建筑物基础施工测量

## 一、开挖深度和垫层标高控制

建筑物轴线放样完毕后，按照基础平面图上的设计尺寸，在地面放出的灰线的位置上进行开挖。为了控制基槽的开挖深度，当快挖到槽底设计标高时，离槽底 0.3 ~0.5 m 时，在基槽边壁上每 3 ~5 m 以及转角处，应根据地面上 ±0.000 m 点用水准仪在槽壁上测设一些水平小木桩(称为水平桩或腰桩)，使木桩的上表面离槽底的设计标高为一固定值，如 0.500 m。如图 6-6 所示。

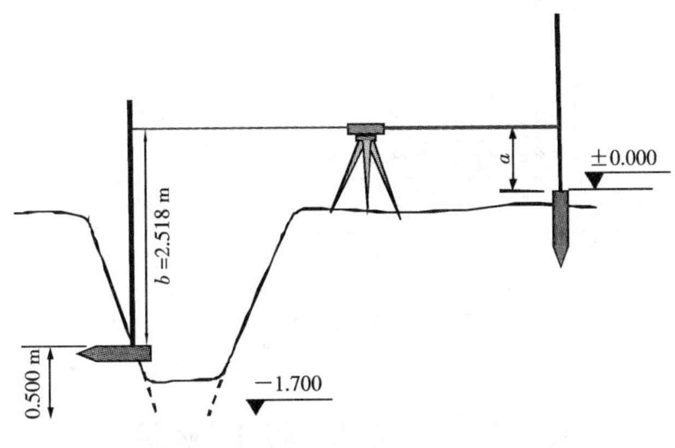


图 6-6 基槽开挖深度控制

图中：

$$a = 1.318 \text{ m};$$
$$h = -1.700 + 0.500 = -1.200 \text{ m};$$

$$b=1.318-(-1.200)=2.518\ \text{m}。$$

测设时沿槽壁上下移动水准尺，当读数为 2.518 m 时，沿尺底水平地将桩打进槽壁，然后检核该桩的标高，如超限便进行调整，直至误差在规定范围以内。

垫层面标高的测设可以水平桩为依据在槽壁上弹线，也可在槽底打入垂直桩，使桩顶标高等于垫层面的标高。如果垫层需安装模板，可以直接在模板上弹出垫层面的标高线。

如果是机械挖土，一般是一次挖到设计槽底或坑底的标高，因此要在施工现场安置水准仪，边挖边测，随时指挥挖土机调整挖土深度，使槽底或坑底的标高略高于设计标高（一般为 10 cm，留给人工清土）。挖完后，为了给人工清底和打垫层提供标高依据，还应在槽壁或坑壁上打水平桩，水平桩的标高一般为垫层面的标高。当基坑底面积较大时，为便于控制整个底面的标高，应在坑底均匀地打一些垂直桩，使桩顶标高等于垫层面的标高。

## 二、在垫层上投测基础中心线

在基础垫层打好后，根据龙门板上的轴线钉或轴线控制桩，用经纬仪或用拉线挂吊锤的方法，把轴线投测到垫层面上，并用墨线弹出基础中心线和边线，以便砌筑基础或安装基础模板。

## 三、基础标高控制

基础砌筑到距 ±0.00 标高一层砖时用水准仪测设防潮层的标高。防潮层做好后，根据龙门板上的轴线钉或引桩将轴线和墙边线投测到防潮层上，并将这些线延伸到基础墙的立面上，以利墙身的砌筑。

基础墙的高度是用基础皮数杆来控制的。基础皮数杆的层数从 ±0.00 m 向下注记，并标出 ±0.00 m 和防潮层等的标高位置。如图 6-7 所示。

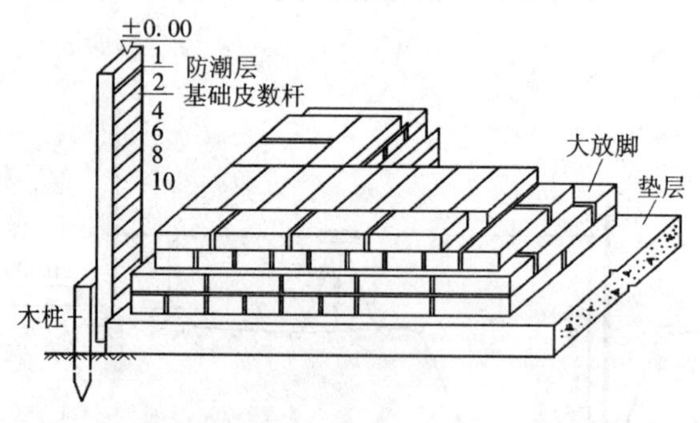


图 6-7 基础标高控制

# 第三节 墙体施工测量

## 一、墙体定位

利用轴线控制桩或龙门板上的轴线和墙边线的标志，用经纬仪或用拉细线挂锤球的方法将轴线投测到基础面或防潮层上，然后用墨线弹出墙中线和墙边线。用经纬仪检查外墙轴线四个主要交角是否等于90°，符合要求后，把墙轴线延伸并画在外墙基础上，如图6-8所示，作为向上投测轴线的依据。同时还应把门窗和其他洞口的边线，也在基础外墙侧面上做出标志。

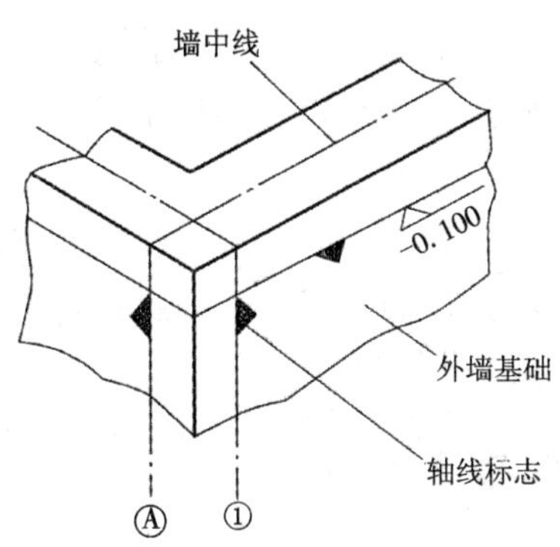


**图6-8　墙体定位**

墙体砌筑前，根据墙体轴线和墙体厚度，弹出墙体边线，照此进行墙体砌筑。砌筑到一定高度后，用吊锤线将基础外墙侧面上的轴线引测到地面以上的墙体上，以免基础覆土后看不到轴线标志。如果轴线处是钢筋混凝土桩，则在拆柱模后将轴线引测到桩身上。

## 二、墙体各部位的标高控制

在墙体砌筑时，先在基础上根据定位桩（或龙门板上轴线）弹出墙的边线和门洞的位置，并在内墙的转角处树立皮树杆，皮树杆上根据设计尺寸，按砖和灰缝厚度画线，并标明门、窗、过梁和楼板等的标高位置。如图6-9所示，杆上标高注记从±0.000向上增加。因此在砌墙时窗台面和楼板面等的标高，都是通过皮树杆来控制的。

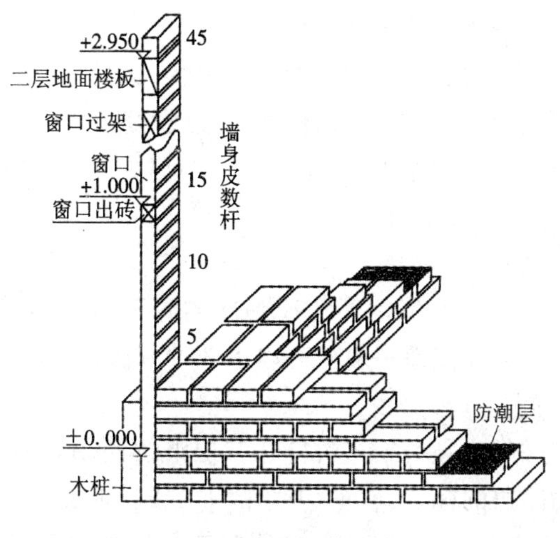


**图6-9　基础标高的控制**

当墙体砌到窗台时，要在外墙面上根据房屋的轴线量出窗的位置，以便砌墙时预留窗洞的位置。一般在设计图上窗口尺寸比实际尺寸大2 cm,因此只要按设计图上的窗洞尺寸砌筑墙体即可。

墙身皮树杆一般立在建筑物的拐角和内墙处,固定在木桩或者基础墙上。为了便于施工,采用里脚手架时,皮树杆立在墙的外边;采用外脚手架时,皮树杆立在墙里面。立皮树杆时,先用水准仪在立杆处的木桩或基础墙上测设 ±0.000 标高线,测量误差在 ±3 mm 以内。然后把皮树杆上的 ±0.000 线与该线对齐,用吊锤校正并用钉子钉牢,必要时可在皮树杆上加两根斜撑,以保证皮树杆稳定。

墙体砌筑到一定高度后(1.5 mm 左右)应在内外墙面上测设出 +0.50 m 标高的水平墨线,称为"+50 线"。外墙的 +50 线是作为向上传递楼层标高的依据,内墙的 +50 线是作为室内地面施工及室内装修的标高依据。

## 三、二层以上楼层墙体施工测量

### 1. 轴线投测

每层楼面建好后,为了保证继续往上砌筑墙体时,墙体轴线均与基础轴线在同一铅垂面上,应将基础或首层墙面上的轴线投测到楼面上,并在楼面上重新弹出墙体的轴线,检查无误后,以此为依据弹出墙体边线,再往上砌筑。在这个测量工作中,从下往上进行轴线投测是关键,一般多层建筑常用吊锤线。

将较重的垂球悬挂在楼面的边缘,慢慢移动,使垂球尖对准地面上的轴线标志,或者使吊锤线下部沿垂直墙面方向与底层墙面上的轴线标志对齐,吊锤线上部在楼面边缘的位置就是墙体轴线位置,在此画一短线作为标志,便在楼面上得到轴线的一个端点。同法投测另一端点,两端点的连线即为墙体轴线。

一般应将建筑物的主轴线都投测到楼面上来,并弹出墨线,用钢尺检查轴线间的距离,其相对误差不得大于1/3 000,符合要求之后,再以这些主轴线为依据,用钢尺内分法测设其他细部轴线。在困难的情况下至少要测设两条垂直相交的主轴线,检查交角合格后,用经纬仪和钢尺测设其他主轴线,再根据主轴线测设细部轴线。

吊锤线法受风的影响较大,楼层较高时风的影响更大,因此应在风小时作业,投测时应待吊锤稳定下来后再在楼面上定点。此外,每层楼面的轴线均应直接由底层投测上来,以保证建筑物的总竖直度,只要注意这些问题,用吊锤线法进行多层楼房的轴线投测的精度是有保证的。

### 2. 高程传递

多层建筑物施工中,要由下往上将标高传递到新的施工楼层,以便控制新楼层的墙体施工,使其标高符合设计要求。标高传递一般可有以下两种方法:

(1)利用皮数杆传递标高。

一层楼房墙体砌完并打好楼面后,把皮数杆移二层继续使用。为了使皮数杆立在同一水平面上,用水准仪测定楼面四角的标高,取平均值作为二楼的地面标高,并在立杆处绘出标高线,立杆时将皮数杆的 ±0.000 线与该线对齐,然后以皮数杆为标高依据进行墙体砌筑。如此用同样方法逐层往上传递高程。

(2)利用钢尺传递标高。

在标高精度要求较高时，可用钢尺从底层的 +50 标高线起往上直接丈量，把标高传递到第二层去，然后根据传递上来的高程测设第二层的地面标高线，以此为依据立皮数杆。在墙体砌到一定高度后，用水准仪测设该层的 +50 标高线，再往上一层的标高可以此为准用钢尺传递，依次类推，逐层传递标高。

# 第四节　高层建筑的施工测量

## 一、高层建筑施工测量的特点

由于高层建筑的建筑物层数多、高度高、建筑结构复杂、设备和装修标准高，特别是高速电梯的安装要求最高，因此，在施工过程中对建筑物各部位的水平位置、垂直度及轴线位置尺寸、标高等的测设精度要求都十分严格。总体的建筑限差有较严格的规定，因而对质量检测的允许偏差也有严格要求。如：层间标高测量偏差和竖向测量偏差均要求不超过 ±3 mm，建筑全高($H$)测量偏差和竖向偏差不应超过 $3H/10\ 000$，且 30 m $<H\leqslant$60 m 时，不应超过 ±10 mm；60 m $<H\leqslant$90 m 时，不应超过 ±15 mm；$H>$90 m 时，不应超过 ±20 mm。特别是在竖向轴线投测时，对测设的精度要求极高。

另外，由于高层建筑施工的工程量大，且多设地下工程，同时一般多是分期施工，周期长，施工现场变化大，因而，为保证工程的整体性和局部性施工的精度要求，进行高层建筑施工测量之前，必须谨慎地制定测设方案，选用适当的仪器，并拟出各种控制和检测的措施以确保放样精度。

高层建筑一般采用桩基础，上部主体结构为现场浇筑的框架结构工程，而且建筑平面、立面造型既新颖又复杂多变，因而，其施工测设方法与一般建筑既有相似之处，又有其自身独特的地方。按测设方案具体实施时，务必精密计算，严格操作，并应严格校核，方可保证测设误差在所规定的建筑限差允许的范围内。

## 二、高层建筑施工控制测量

在高层建筑施工过程中有大量的施工测量工作，为了达到指导施工的目的，施工测量应紧密配合施工，具体步骤如下。

**1. 施工控制网的布设**

高层建筑必须建立施工控制网。平面控制布设建筑方格网较为实用，且使用方便，精度可以保证，自检也方便。建立建筑方格网，必须从整个施工过程考虑。打桩、挖土、浇筑基础垫层及其他施工工序中的轴线测设要均能应用所布设的施工控制网。由于打桩、挖土对施工控制网的影响较大，除了经常进行控制网点的复测校核之外，最好随着施工的进行，将控制网延伸到施工影响区之外。而且，必须及时地伴随着施工将控制轴线投测到相应的建筑面层上，这样便可根据投测的控制轴线，进行柱列轴线等细部放样，以备绑扎钢筋、立模板和浇筑混凝土之用。为了将设计的高层建筑测设到实地，同时简化设计点位的坐标计算和在现场便于建筑物细部放样，该控制网的轴系应严格平行于建筑物的主轴线或道路的中心线。施工方格网的布设必须与建筑总平面图相配合，以便在施工过程中能够保存最多数量的方格控制点。

建筑方格网的实施,与一般建筑场地上所建立的控制网实施过程一样,首先在建筑总平面图上设计,然后依据高等级测图点用极坐标法或是直角坐标法测设到实地,最后,进行校核调整,保证精度在允许的限差范围之内。

在高层建筑施工中,高程测设在整个施工测量工作中所占比例很大,同时也是施工测量中的重要部分。正确而周密地在施工场地上布置水准高程控制点,能在很大程度上使立面布置、管道敷设和建筑物施工得以顺利进行。建筑施工场地上的高程控制必须以精确的起算数据来保证施工的质量要求。

高层建筑施工场地上的高程控制点,必须联测到国家水准点上或城市水准点上。高层建筑物的外部水准点高程系统应与城市水准点的高程系统统一,因为要由城市向建筑场区敷设许多管道和电缆等。

一般高层建筑施工场地上的高程控制网用三、四等水准测量方法进行施测,且应把建筑方格网的方格点纳入到高程系统中,以保证高程控制点密度,满足工程建设高程测设工作所需。所建网型一般为附合水准或是闭合水准。

**2. 高层建(构)筑物主要轴线的定位**

在软土地基区的高层建筑,其基础常用桩基。桩基础的作用在于将上部建筑结构的荷载传递到深处承载力较大的持力层中。其分为预制桩和灌注桩两种,一般都打入钢管桩或钢筋混凝土方桩。其一般特点是:基坑较深,且位于市区,施工场地不宽畅;建筑物的定位大多是根据建筑施工方格网或建筑红线进行。由于高层建筑的上部荷载主要由桩承受,所以对桩位的定位精度要求较高。一般规定,根据建筑物主轴线测设桩基和板桩轴线位置的允许偏差为20 mm,对于单排桩则为10 mm。沿轴线测设桩位时,纵向(沿轴线方向)偏差不宜大于3 cm,横向偏差不宜大于2 cm。位于群桩外周边上的桩,测设偏差不得大于桩径或桩边长(方形桩)的1/10;桩群中间的桩则不得大于桩径或边长的1/5。为此在定桩位时必须依据建筑施工控制网,实地定出控制轴线,再按设计的桩位图中所示尺寸逐一定出桩位。实地控制轴线测设好后,务必进行校核,检查无误后,方可进行桩位的测设工作。

建筑施工控制网一般都确定一条或两条主轴线。因此,在建筑物放样时,按照建筑物柱列线或轮廓线与主控制轴线的关系,依据场地上的控制轴线逐一定出建筑物的轮廓线。对于目前一些几何图形复杂的建筑物,如“S”形、椭圆形、扇形、圆筒形、多面体形等,可以使用全站仪采用极坐标法进行建筑物的定位。具体做法是:通过图纸将设计要素如轮廓坐标、曲线半径、圆心坐标及施工控制网点的坐标等识读清楚,并计算各自的方向角及边长,然后在控制点上安置全站仪(或经纬仪)建立测站,按极坐标法完成各点的实地测设。将所有建筑物轮廓点定出后,再行检查是否满足设计要求。

总之,根据施工场地的具体条件和建筑物几何图形的繁简情况,可以选择最合适的测设方法完成高层建筑物的轴线定位。

## 三、高层建筑基础施工测量

**1. 测设基坑开挖边线**

高层建筑一般都有地下室,因此要进行基坑开挖。开挖前,先根据建筑物的轴线控制桩确定角桩,以及建筑物的外围边线,再考虑边坡的坡度和基础施工所需工作面的宽度,测设出基坑的开挖边线并撒出灰线。

**2. 基坑开挖时的测量工作**

高层建筑的基坑一般都很深，需要放坡并进行边坡支护加固。开挖过程中，除了用水准仪控制开挖深度外，还应经常用经纬仪或拉线检查边坡的位置，防止出现坑底边线内收，致使基础位置不够的情况出现。

**3. 基础放线及标高控制**

(1)基础放线。

基坑开挖完成后，有三种情况：一是直接打垫层，然后做箱形基础或筏板基础，这时要求在垫层上测设基础的各条边界线、梁轴线、墙宽线和柱位线等；二是在基坑底部打桩或挖孔，做桩基础，这时要求在坑底测设各条轴线和桩孔的定位线，桩做完后，还要测设桩承台和承重梁的中心线；三是先做桩，然后在桩上做箱形基础或筏形基础，组成复合基础，这时的测量工作是前两种情况的结合。如图 6-10 所示。

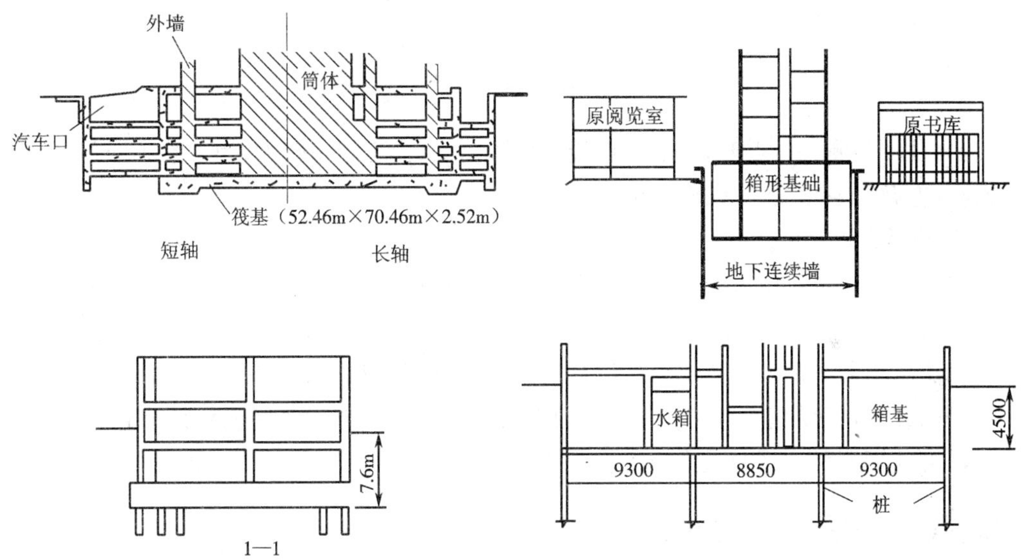


**图 6-10　基础放线**

不论是哪种情况，在基坑下均需要测设各种各样的轴线和定位线，其方法是基本一样的。先根据地面上各主要轴线的控制桩，用经纬仪向基坑下投测建筑物的四大角、四轮廓轴线和其他主轴线，经认真校核后，以此为依据放出细部轴线，再根据基础图所示尺寸，放出基础施工中所需的各种中心线和边线，例如桩心的交线以及梁、柱、墙的中线和边线等。

测设轴线时，有时为了通视和量距方便，不是测设真正的轴线，而是测设其平行线，这时一定要在现场标注清楚，以免用错。另外，一些基础桩、梁、柱、墙的中线不一定与建筑轴线重合，而是偏移某个尺寸，因此要认真按图施测，防止出错。如图 6-11 所示。

如果是在垫层上放线，可把有关轴线和边线直接用墨线弹在垫层上。由于基础轴线的位置决定了整个高层建筑的平面位置和尺寸，因此施测时要严格检核，保证精度。如果是在基坑下做桩基，则测设轴线和桩位时，宜在基坑护壁上设立轴线控制桩，以便能保留较长时间，也便于施工时用来复核桩位和测设桩顶上的承台和基础梁等。

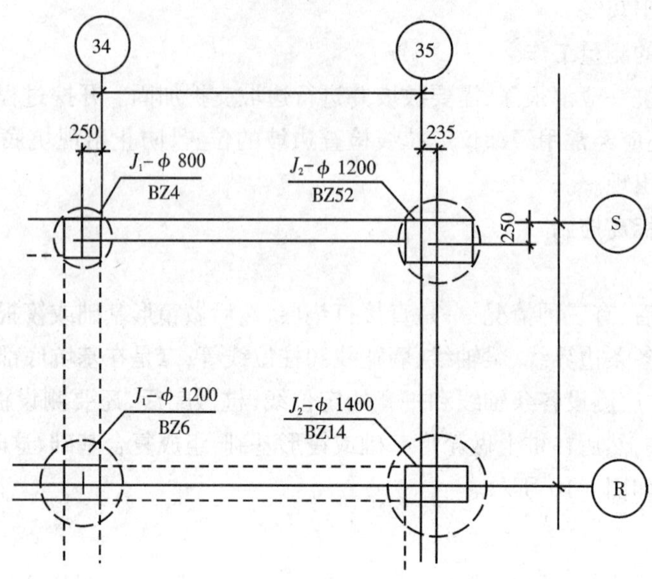


图 6-11 测设轴线

从地面往下投测轴线点时，一般是用经纬仪投测法，由于俯角较大，为了减小误差，每个轴线点均应盘左盘右各投测一次，然后取中。

(2)基础标高测设。

基坑完成后，应及时用水准仪根据地面上的 ±0.000 水平线，将高程引测到坑底，并在基坑护坡的钢板或混凝土桩上做好标高为负的整米数的标高线。由于基坑较深，引测时可多转几站观测，也可用悬吊钢尺代替水准尺进行观测。在施工过程中，如果是桩基，要控制好各桩的顶面高程；如果是箱形基础和筏形基础，则直接将高程标志测设到竖向钢筋和模板上，作为安装模板、绑扎钢筋和浇筑混凝土的标高依据。

## 四、高层建筑的轴线投测

当高层建筑的地下部分完成后，根据施工方格网校测建筑物主轴线控制桩后，将各轴线测设到做好的地下结构顶面和侧面，再根据原有的 ±0.000 水平线，将 ±0.000 标高(或某整分米数标高)也测设到地下结构顶部的侧面上，这些轴线和标高线，是进行首层主体结构施工的定位依据。

随着结构的升高，要将首层轴线逐层往上投测，作为施工的依据。这当中建筑物主轴线的投测应更为重要，因为它们是各层放线和结构垂直度控制的依据。随着高层建筑物设计高度的增加，施工中对竖向偏差的控制要求就越高，轴线竖向投测的精度和方法就必须与其适应，以保证工程质量。

**1. 经纬仪投测法**

当施工场地比较宽阔时，多使用此法进行竖向投测，如图 6-12 所示。安置经纬仪于轴线控制桩桩上，严格对中整平，盘左照准建筑物底部的轴线标志，往上转动望远镜，用其竖丝指挥在施工层楼面边缘上画一点，然后盘右再次照准建筑物底部的轴线标志，同法在该处楼面边缘上画出另一点，取两点的中间点作为轴线的端点。其他轴线端点的投测与此相同。

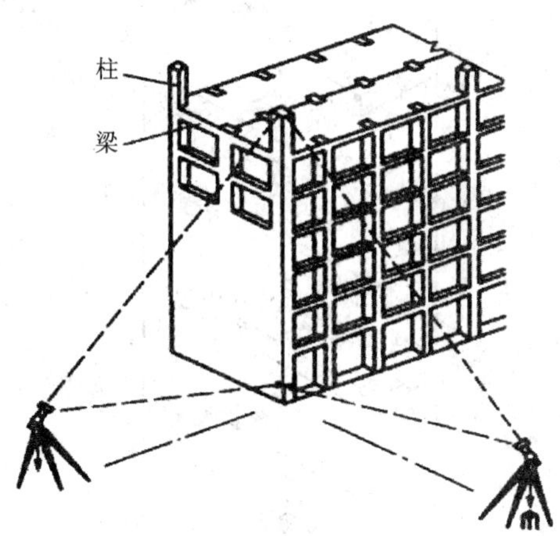


图 6-12　经纬仪投测法

当楼层建得较高时，经纬仪投测时的仰角较大，操作不方便，误差也较大，此时应将轴线控制桩用经纬仪引测到远处（大于建筑物高度）稳固的地方，然后继续往上投测。如果周围场地有限，也可引测到附近建筑物的屋面上。如图 6-13 所示，先在轴线控制桩 $A_1$ 上安置经纬仪，照准建筑物底部的轴线标志，将轴线投测到楼面上 $A_2$ 点处，然后在 $A_2$ 上安置经纬仪，照准 $A_1$ 点，将轴线投测到附近建筑物屋面上 $A_3$ 点处，以后就可在 $A_3$ 点安置经纬仪，投测更高楼层的轴线。注意上述投测工作均应采用盘左盘右取中法进行，以减少投测误差。

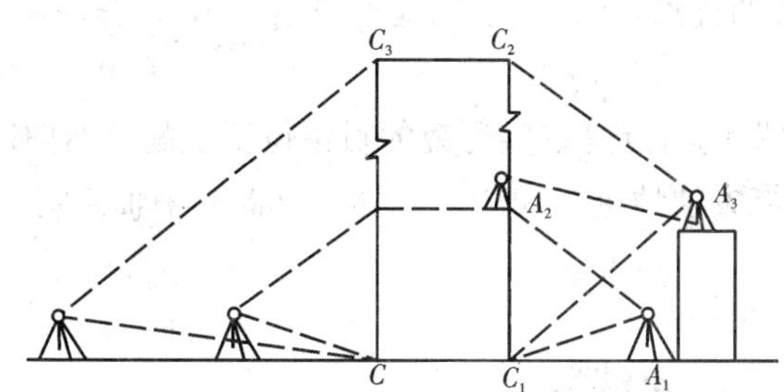


图 6-13　高层建筑的轴线投测

所有主轴线投测上来后，应进行角度和距离的检核，合格后再以此为依据测设其他轴线。

**2. 吊线坠法**

当周围建筑物密集，施工场地窄小，无法在建筑物以外的轴线上安置经纬仪时，可采用此法进行竖向投测。此种方法适用于高度在 50 ~ 100 m 的高层建筑施工中。它是利用钢丝悬挂重锤球的方法，进行轴线竖向投测。锤球重量随施工楼面高度而异，约 15 ~ 25 kg，钢丝直径为 1 mm 左右。此外，为了减少风力的影响，应将吊锤线的位置放在建筑物内部。

如图 6-14 所示，事先在首层地面上埋设轴线点的固定标志，标志的上方每层楼板都预留孔洞，供吊锤线通过。投测时，在施工层楼面上的预留孔上安置挂有吊线坠的十字架，慢慢移动十字架，当吊锤尖静止地对准地面固定标志时，十字架的中心就是应投测的点。在预留孔四周做上标志即可，标志连线交点，即为从首层投上来的轴线点。同理测设其他轴线点。

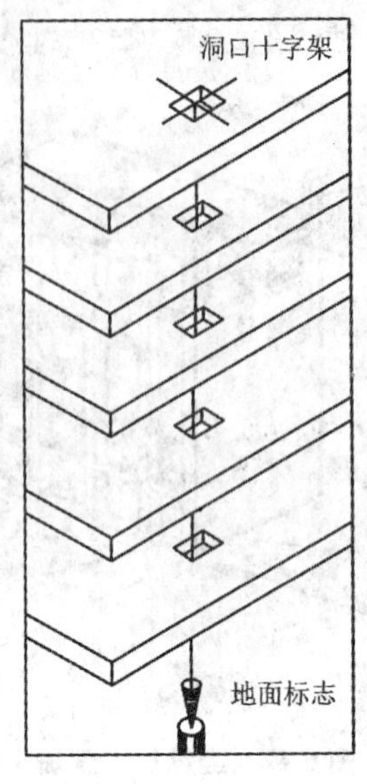


图 6-14 吊线坠法

使用吊线坠法进行轴线投测，只要措施得当，防止风吹和振动，是既经济、简单又直观、准确的轴线投测方法。

3. 铅直仪法

铅直仪法就是利用能提供铅直向上（或向下）视线的专用测量仪器，进行竖向投测。常用的仪器有垂准经纬仪、激光经纬仪和激光铅直仪等。用铅直仪法进行高层建筑的轴线投测，具有占地小、精度高、速度快的优点，在高层建筑施工中用得越来越多。

(1) 垂准经纬仪。

如图 6-15 所示，该仪器的特点是在望远镜的目镜位置上配有弯曲成 90°的目镜，使仪器铅直指向正上方时，测量员能方便地进行观测。此外该仪器的中轴是空心的，使仪器也能观测正下方的目标。

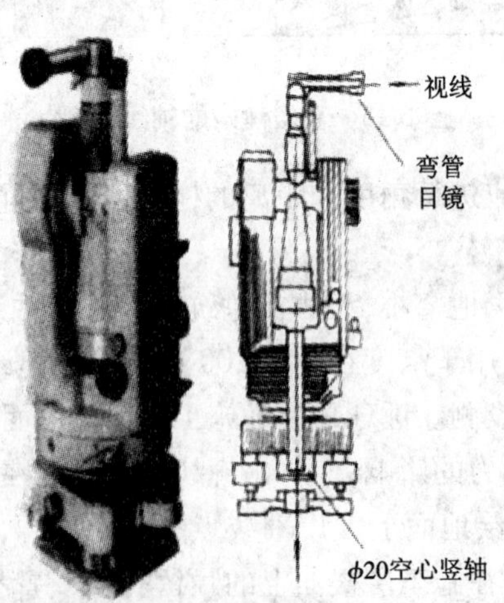


图 6-15 垂准经纬仪

使用时,将仪器安置在首层地面的轴线点标志上,严格对中整平,由弯管目镜观测,当仪器水平转动一周时,若视线一直指向一点上,说明视线方向处于铅直状态,可以向上投测。投测时,视线通过楼板上预留的孔洞,将轴线点投侧到施工层楼板的透明板上定点。为了提高投测精度,应将仪器照准部水平旋转一周,在透明板上投测多个点,这些点应构成一个小圆,然后取小圆的中心作为轴线点的位置。同法用盘右再投测一次,取两次的中点作为最后结果。由于投测时仪器安置在施工层下面,因此在施测过程中要注意对仪器和人员的安全采取保护措施,防止落物击伤。

如果把垂准经纬仪安置在浇筑后的施工层上,将望远镜调成铅直向下的状态,视线通过楼板上预留的孔洞,照准首层地面的轴线点标志,也可将下面的轴线点投测到施工层上来。该法较安全,也能保证精度。

(2)激光经纬仪。

图 6-16 所示为苏州一光生产的 J2 - JDE 激光光学经纬仪,它是在望远镜筒上安装一个氦氖激光器,用一组导光系统把望远镜的光学系统联系起来,组成激光发射系统,再配上激光电源,便成为激光经纬仪。为了测量时观测目标方便,激光束进入发射系统前设有遮光转换开关。遮去发射的激光束,就可在目镜(或通过弯管目镜)处观测目标,而不必关闭电源。

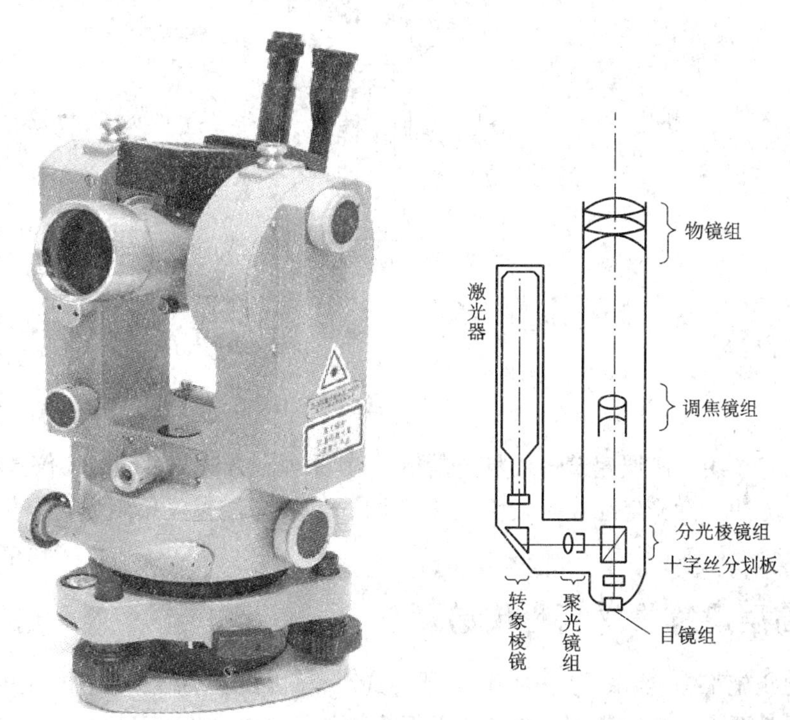


图 6-16　激光经纬仪

激光经纬仪用于高层建筑轴线竖向投测,其方法与配弯管目镜的经纬仪是一样的,只不过是用可见激光代替人眼观测。投测时,在施工层预留孔中央设置用透明聚酯膜片绘制的接收靶,在地面轴线点处对中整平仪器,起辉激光器,调节望远镜调焦螺旋,使投射在接收靶上的激光束光斑最小,再水平旋转仪器,检查接收靶上光斑中心是否始终在同一点,或划出一个很小的圆圈,以保证激光束铅直,然后移动接收靶使其中心与光斑中心或小圆圈中心重合,将接收靶固定,则靶心即为欲投测的轴线点。

(3)激光铅直仪。

激光铅直仪是一种专用的铅直定位的仪器,适用于烟囱、塔架和高层建筑的竖直定位测量。它是由氦氖激光器、竖轴、发射望远镜、水准器和基座等部件组成,基本构造如图 6-17 所示。仪器竖轴是空心筒轴,将激光器安在筒轴的下端,望远镜安在上方,构成向上发射的激光铅垂仪。也可以反向安装,成为向下发射的激光铅垂仪。仪器上有两个互成 90°的水准器,并配有专用激光电源,使用时,利用激光器底端所发射的激光束进行对中,通过调节脚螺旋使气泡严格居中。接通激光电源便可铅直发射激光束。

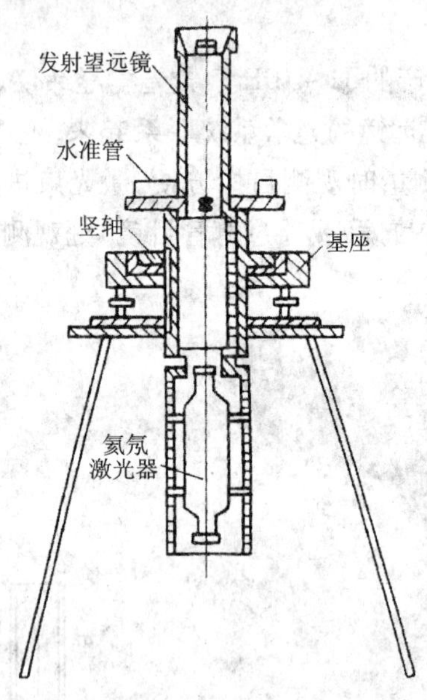


**图 6-17 激光铅直仪**

激光铅直仪用于高层建筑轴线竖向投测时,其原理和方法与激光经纬仪基本相同,主要区别在于对中方法。激光经纬仪一般用光学对中器,而激光铅直仪用激光管尾部射出的光束进行对中。

## 五、高层建筑物的高程传递

高层建筑施工中,要由下层楼面向上层传递高程,以使上层楼板、门窗、室内装修等工程的标高符合设计要求。传递高程的方法有以下几种。

**1. 利用钢尺直接丈量**

在标高精度要求较高时,可用钢尺沿某一墙角自 ±0.000 标高处起直接丈量,把高程传递上去。然后根据下面传递上来的高程立皮数杆,作为该层墙身砌筑和安装门窗、过梁及室内装修、地坪抹灰时控制标高的依据。

**2. 悬吊钢尺法(水准仪高程传递法)**

根据高层建筑物的具体情况,也可用水准仪高程传递法进行高程传递,不过此时需用钢尺代替水准尺作为数据读取的工具,从下向上传递高程。如图6-18(a)所示,由地面已知高程点$A$,向建筑物楼面$B$传递高程,先从楼面上(或楼梯间)悬挂一支钢尺,钢尺下端悬一重锤。观测时,为了使钢尺稳定,可将重锤浸于一盛满油的容器中。然后在地面及楼面上各安置一台水准仪,按水准测量方法同时读取$a_1, b_1, a_2, b_2$读数,则可计算出楼面$B$上设计标高为$H_B$的测设数据$H_B = H_A + a_1 - b_1 + a_2 - b_2$,据此可采用测设已知高程的测设方法放样出楼面$B$的标高位置。

**3. 全站仪天顶测高法**

如图6-18(b)所示,利用高层建筑中的传递孔(或电梯井等),在底层高程控制点上安置全站仪,置平望远镜(显示屏上显示垂直角为0°或天顶距为90°),然后将望远镜指向天顶方向(天顶距为0°或垂直角为90°),在需要传递高程的层面传递孔上安置反射棱镜,即可测得仪器横轴至棱镜横轴的垂直距离,加仪器高,减棱镜常数(棱镜面至棱镜横轴的间距),就可以算得两层面间的高差,据此即可计算出测量层面的标高,最后与该层楼面的设计标高相比较,进行调整即可。

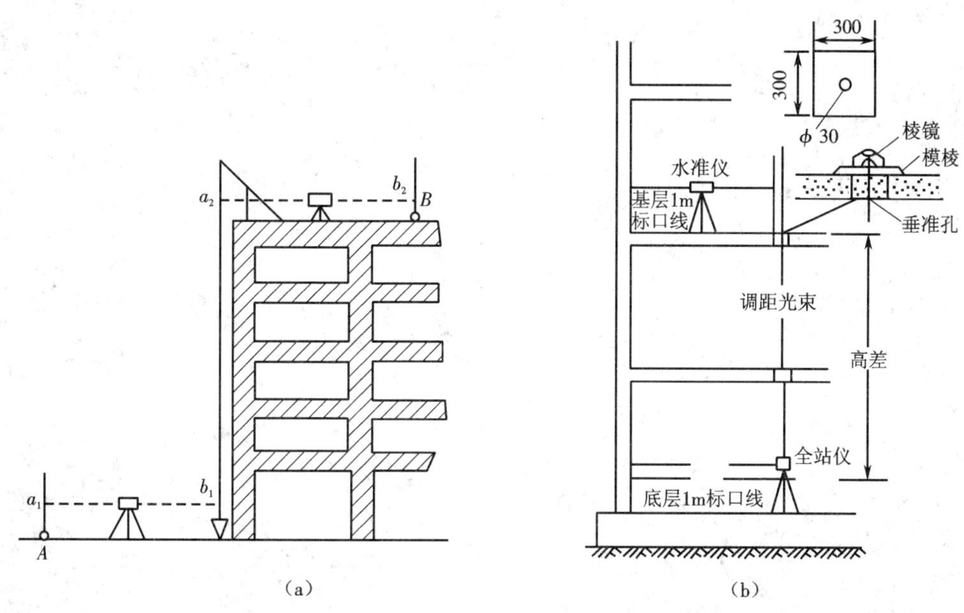


**图6-18 水准仪高程传递法与全站仪高程传递法**

## 六、滑模施工中的测量工作

在高层建筑施工中,经常采用滑模施工工艺。滑模施工就是在现浇混凝土结构施工中,一次装设1 m多高的模板,浇筑一定高度的混凝土,通过一套提升设备将模板不断向上提,在模板内不断绑扎钢筋和浇筑混凝土,随着模板的不断向上滑升,逐步完成建筑物的混凝土浇筑工作。在施工过程中所做的测量工作主要有铅直度和水平度的观测,现介绍如下:

**1. 铅直度观测**

滑模施工的质量关键在于保证铅直度。可采用经纬仪投测法，但最好采用激光铅垂仪投测方法。

**2. 标高测设**

首先在墙体上测设 +1.00 m 的标高线，然后用钢尺从标高线沿墙体向上测量，最后将标高测设在滑模的支撑杆上。为了减少逐层读数误差的影响，可采用数层累计读数的测法，如每三层读一次尺寸。

**3. 水平度观测**

在滑升过程中，若施工平台发生倾斜，则滑出来的结构就会发生偏扭，将直接影响建筑物的垂直度，所以施工平台的水平度也是十分重要的。在每层停滑间歇，用水准仪在支撑杆上独立进行两次抄平，互为校核，标注红三角，再利用红三角，在支撑杆上弹设一分画线，以控制各支撑点滑升的同步性，从而保证施工平台的水平度。

# 第七章　不规则建筑物的放样

## 第一节　圆弧形建筑物的施工放样

圆弧形建筑物应用比较广泛，如住宅、办公楼、饭店、交通建筑等。其形式也多种多样，有的是整个建筑物为圆弧形平面，有的则是建筑物的局部采用圆弧曲线。总之，圆弧形平面建筑物的现场施工放样方法很多，一般有直接拉线法、几何作图法、坐标计算法和经纬仪测角法。实际作业中，应根据现场的条件及图纸上给定的定位条件采用相应的施工放样方法。

下面主要讲述直接拉线法和坐标计算法的施测方法。

### 一、直接拉线法

这种施工方法比较简单，适用于圆弧半径较小的情况。根据设计总平面图，先定出建筑物的中心位置和主轴线，再根据设计数据，即可进行施工放样操作。其施测方法如下：

如图 7-1 所示，根据设计总平面图，实地测设出圆的中心位置，并设置较为稳定的中心桩。由于中心桩在整个施工过程中要经常使用，所以桩要设置牢固并应妥善保护。同时，为防止中心桩发生碰撞移位或因挖土被挖出，四周应设置辅助桩，以便对中心桩加以复核或重新设置，确保中心桩位置正确。使用木桩时，木桩中心处钉一小钉；使用水泥桩时，在水泥桩中心处应埋设钢筋。

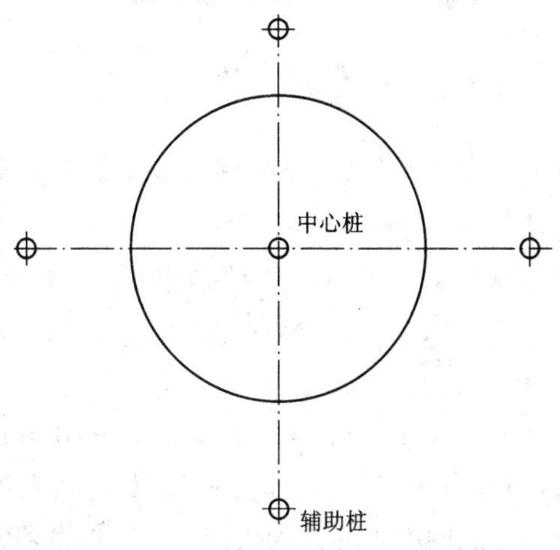


图 7-1　直接拉线法

将钢尺的零点对准圆心处中心桩上的小钉或钢筋，依据设计半径，画圆弧即可测设出圆曲线。

## 二、坐标计算法

坐标计算法适用于当圆弧形建筑平面的半径尺寸很大,圆心已远远超出建筑物平面以外,无法用直接拉线法时所采用的一种施工放样方法。

坐标计算法一般是先根据设计平面图所给条件建立直角坐标系,进行系列计算,并将计算结果列成表格后,根据表格再进行现场施工放样。因此,该法的实际现场的施工放样工作比较简单,而且能获得较高的施工精度。

如图 7-2 所示,一圆弧形建筑物平面,圆弧半径 $R=90$ m,弦长 $AB=40$ m,其施工放样步骤如下:

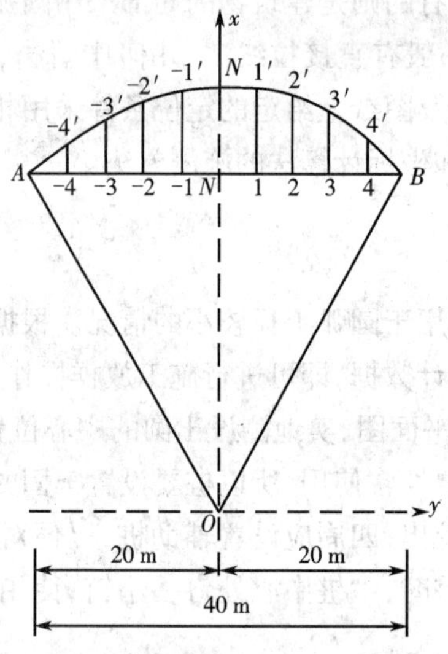


图 7-2 圆弧形建筑物平面图

**1. 计算测设数据**

(1)建立直角坐标系。

以圆弧所在圆的圆心为坐标原点,建立 *xoy* 平面直角坐标系。圆弧上任一点的坐标应满足方程

$$x^2+y^2=R^2,$$

$$x=\sqrt{R^2-y^2}。\tag{7-1}$$

(2)计算圆弧分点的坐标。

用 $y=\pm0$ m, $y=\pm4$ m, $y=\pm8$ m, $y=\pm12$ m, …, $y=\pm20$ m 的直线去切割弦 $AB$ 和弧 $AB$,得与弦 $AB$ 的交点 $N,1,2,3,4$ 和 $-1,-2,-3,-4$,以及与圆弧 $AB$ 的交点 $N',1',2',3',4'$ 和 $-1',-2',-3',-4'$。将各分点的横坐标代入式(7-1)中,可得各分点的纵坐标为:

$$x'_N=\sqrt{90^2-0^2}=90.000\ \text{m};$$

$$x'_1=\sqrt{90^2-4^2}=89.911\ \text{m};$$

……

弦 $AB$ 上的各交点和纵坐标都相等,即

$$x_N = x_1 = \cdots = x_A = x_B = 87.750 \text{ m}。$$

(3)计算矢高,即

$$NN' = x'_N - x_N = 90.000 - 87.750 = 2.250 \text{ m};$$
$$11' = x'_1 - x_1 = 89.911 - 87.750 = 2.161 \text{ m};$$
$$\cdots\cdots$$

计算出的放样数据如表 7-1 所示。

**表 7-1　圆弧曲线的放样数据**

| 弦分点 | $A$ | −4 | −3 | −2 | −1 | $N$ | 1 | 2 | 3 | 4 | $B$ |
|---|---|---|---|---|---|---|---|---|---|---|---|
| 弧分点 | $A$ | −4′ | −3′ | −2′ | −1′ | $N'$ | 1′ | 2′ | 3′ | 4′ | $B$ |
| $y$/m | −20 | −16 | −12 | −8 | −4 | 0 | 4 | 8 | 12 | 16 | 20 |
| 矢高/m | 0 | 0.816 | 1.446 | 1.894 | 2.161 | 2.250 | 2.161 | 1.894 | 1.446 | 0.816 | 0 |

**2. 实地放样**

根据设计总平面图的要求,先在地面上定出弦 $AB$ 的两端点 $A'B'$,然后在弦 $AB$ 上测设出各弦分点的实地点位。

用直角坐标法或距离交会法测设出各弧分点的实地位置,将各弧分点用圆曲线连接起来,得到圆曲线 $AB$。用距离交会法测设各弧分点的实地位置时,需用勾股定理计算出 $N'$,$12'$,$23'$ 和 $34'$等线段的长度。

## 第二节　双曲线形建筑物的施工放样

具有双曲线的平面建筑多用于公共高层建筑中,如会议厅、办公楼和体育馆等。双曲线平面图形的现场施工放样多用坐标计算法。

如图 7-3(a)所示,某会议厅的建筑平面呈双曲线形,平面设计尺寸如图 7-3(b)中所示,双曲线的实轴长度为 26 m,用坐标计算法进行现场施工放样。

**1. 计算测设数据**

(1)建立坐标系。

以双曲线的对称中心为坐标原点,建立直角坐标系,纵轴设为 $x$ 轴,横轴设为 $y$ 轴。设双曲线的实半轴长度为 $a$,虚半轴长度为 $b$,则双曲线上任一点应满足方程

$$\frac{y^2}{a^2} - \frac{x^2}{b^2} = 1。$$

将 $B_2$ 点的坐标 $B_2(31,22)$及 $a = 13$ m 代入上式,可算得 $b = 22.706$ m,所以双曲线方程为

$$\frac{y^2}{13^2} - \frac{x^2}{22.706^2} = 1。$$

即

$$y = \pm \frac{13}{22.706}\sqrt{x^2 + 22.706^2}。\tag{7-2}$$

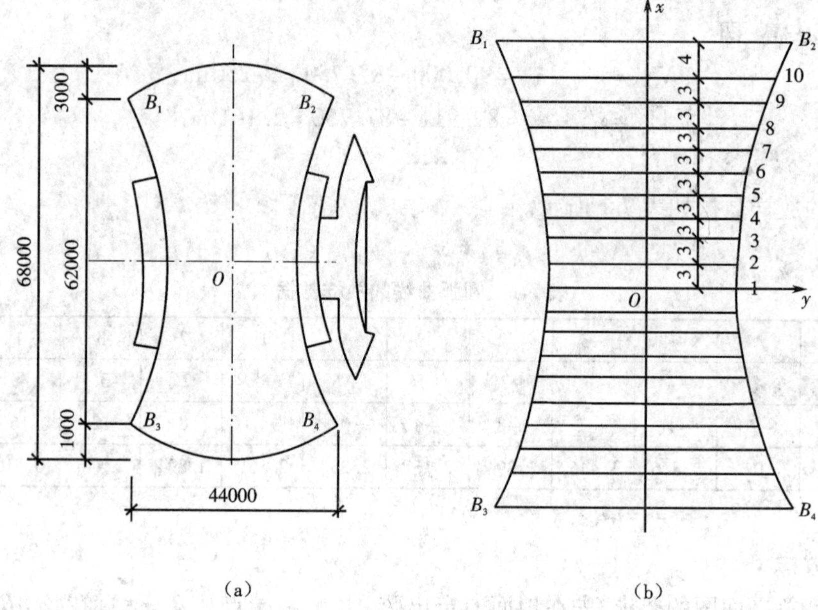


图 7-3 双曲线建筑物的施工放样

(2)计算弧分点的坐标。

用 $y=0$, $y=\pm 3$ m, $y=\pm 6$ m, …, $y=\pm 27$ m 和 $y=\pm 31$ m 的直线去切割双曲线,可得等弧分点 1~10 和$B_2$。将各弧分点的纵坐标代入式(7-2),计算出各弧分点的横坐标,如表 7-2 所示。由于双曲线的对称性,这里只计算第一象限的弧分点的坐标。

表 7-2 双曲线测设数据

| 弧分点 | 1 | 2 | 3 | 4 | 5 | 6 | 7 | 8 | 9 | 10 | $B_2$ |
|---|---|---|---|---|---|---|---|---|---|---|---|
| $y$/m | 0 | 3 | 6 | 9 | 12 | 15 | 18 | 21 | 24 | 27 | 31 |
| $x$/m | 13.00 | 13.11 | 13.45 | 13.98 | 14.70 | 15.58 | 16.59 | 17.71 | 18.92 | 20.20 | 22.00 |

**2. 实地放样**

(1)根据总平面图,测设出双曲线平面图形的中心位置点 $O$ 和主轴线 $x$,$y$ 轴方向。

(2)在 $x$ 轴方向上,以中心点 $O$ 为对称点,向上、向下分别取 3 m,6 m,9 m,…,27 m,31 m,得 1,2,3,…,9,10 各点。

(3)将经纬仪分别架设于 1,2,3,…,10 各点,作 90°垂直线,根据表 7-2 中所列数值,定出相应的各弧点分点,最后将各点连接起来,即可得到符合设计要求的双曲线平面图形,如图 7-3(a)所示。

(4)各弧分点确定后,在相应位置设置龙门桩(板)。

另外,对于双曲线来讲,也可以用直线拉线法来放线。因为双曲线上任意一点到两个焦点的距离之差为一常数。这样,在放样时先找到两个焦点,然后做两根线绳,一条长一条短,相差为曲线焦点的距离,两线绳端点分别固定在两个焦点上,作图即可。

## 第三节　三角形建筑物的施工放样

三角形建筑也可称为点式建筑。三角形的平面形式在高层建筑中比较多见。有的建筑平面直接为正三角形,有的在正三角形的基础上又有变化,从而使平面形式多种多样。正三角形建筑物的施工放样其实很简单。首先确定建筑物的中心轴线或某一边的轴线位置,然后根据轴线以及已知的数据放样出建筑物的其他尺寸线。

如图 7-4 所示,图为某高层建筑物,其平面呈三角形点式形状。该建筑物有三条主要轴线,三轴线交点距两边规划红线均为 20 m,其施工放样步骤如下:

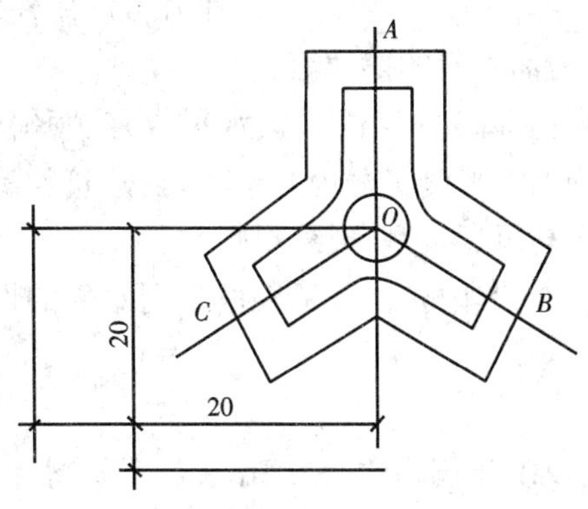


图 7-4　三角形建筑物的施工放样

(1)根据总设计平面图给定的已知数据,从两边规划红线分别量取 20 m,得到三角形建筑物的中心点 $O$。

(2)测定出建筑物北端中心轴线 $OA$ 的方向,并在 $OA$ 方向上量取 $OA=15$ m,定出中点位置 $A$。

(3)将经纬仪安置于 $O$ 点,盘左先瞄准 $A$ 点,然后将经纬仪顺时针方向转动 120°,定出建筑物东南方向的中心轴线 $OB$,并量取 $OB=15$ m,定出 $B$ 点。继续将经纬仪以顺时针方向转动 120°,定出建筑物西南方向的中心轴线 $OC$,并量取 $OC=15$ m,定出 $C$ 点。

(4)因建筑物的其他尺寸都是直线的关系,根据平面图所给的尺寸,测设出整个建筑物的全部轴线和边线位置,并定出轴线桩。

# 第八章　建筑物沉降观测以及竣工测量

建筑物有各种不同类型，如水利水电枢纽工程、隧洞、高层建筑、冶炼设施、桥梁、精密输送带、井塔和井架、架空索道、挡土墙、尾砂坝、地下井巷等。由于建筑物的荷重使建筑物地基压实，引起建筑物下沉与变形；也可能变形是由地基的地质条件变化而发生沉降；还可能变形由季节性或周期性的温度变化产生。例如，湖北龟山电视塔塔高 221 m，受风荷载及日照温差的影响，塔身一昼夜最大变形值为 0.13 m。此外某种外力可以使建筑物产生变形，如桥梁在车通行时的振动，高层建筑受风力而引起的摆动等。

工程建筑物变形量主要有：沉降（垂直位移）、水平位移、倾斜、挠度和扭转。根据观测对象及变形量又可将工程建筑物的变形测量分为若干项目：建筑物沉降观测、建筑物倾斜观测、基坑回弹观测、滑坡观测、日照与风振观测、裂缝观测。

对一项具体的变形测量工作，其内容一般是根据观测对象的性质、观侧目的等因素决定，一般要求：

（1）有明确的针对性。

（2）考虑全面以便能正确反映建筑物的变形情况，达到观测目的。

目前大型工程建筑物的变形测量往往是在设计阶段就开始考虑，并做出相应的设计，如高层房屋、水坝等。然后在建筑物施工期间以及整个运行期间都进行定期观测，但有时变形测量是在后期补设标志点来进行观测，如矿区地表移动范围内各种建筑物。

如今大型建筑物逐渐增多，在建筑物的施工中，荷载不断增加不可避免地会产生沉降。沉降量在一定范围内是正常的，不会对建筑物安全构成威胁，超过一定范围即属于沉降异常。其一般表现形式为沉降速率过快与沉降不均匀及累计沉降量过大。

建筑物沉降异常时地基基础异常变形的反应，对建筑物的安全产生严重影响，或使建筑物产生倾斜，或造成建筑物开裂，甚至造成建筑物整体坍塌。因此，在建筑施工过程中以及在建筑物最初交付的使用阶段，定期观测其沉降变化就显得尤为重要。当建筑物主体结构差异沉降过大时，还需要对其进行挠度观测和倾斜观测。

变形测量就是对建筑物及其地基或一定范围内岩体和土体的变形（包括水平位移、沉降、倾斜、挠度、裂变等）所进行的测量工作。变形测量的意义是通过对变形体的动态监测，获得精确的观测数据，并对监测数据进行综合分析，及时对基坑或建筑物施工过程中的异常变形可能造成的危害做出预报，以便采取必要的技术措施，避免造成严重后果。这就是采取支护结构对基坑边坡土体加以支护，了解变形的机理对下一阶段的设计和施工具有指导意义。

## 第一节　变形测量的精度

深基坑施工中，变形测量的内容主要包括：支护结构顶部的水平位移监测；支护结构沉降监测；邻近建筑物、道路、地下管网设施的沉降、倾斜、裂缝监测；支护结构倾斜观测。在建筑物主体结构施工中，变形测量的主要内容是建筑物的沉降、倾斜、挠度和裂缝观测。变形监测要求及时对观测数据进行分析判断，对深基坑和建筑物的变形趋势做出评价，起到指导安全施工和实现信息施工的重要作用。

变形测量按不同的工程要求分为4个等级，其主要精度要求见表8-1：

表8-1　变形测量的等级划分及精度要求

| 等级 | 垂直位移监测 | | 水平位移监测 | 适用范围 |
|---|---|---|---|---|
| | 变形观测点的高程中误差/mm | 相邻变形观测点的高差中误差/mm | 变形观测点的点位中误差/mm | |
| 一等 | 0.3 | 0.1 | 1.5 | 变形特别敏感的高层建筑、高耸构筑物、工业建筑、重要古建筑、精密工程设施、特大型桥梁、大型直立岩体、大型坝区地壳变形监测等 |
| 二等 | 0.5 | 0.3 | 3.0 | 变形比较敏感的高层建筑、高耸构筑物、工业建筑、古建筑、特大型和大型桥梁、大中型坝体、直立岩体、高边坡、重要工程设施、重大地下工程、危害性较大的滑坡监测等 |
| 三等 | 1.0 | 0.5 | 6.0 | 一般性的高层建筑、多层建筑、工业建筑、高耸构筑物、直立岩体、高边坡、深基坑、一般地下工程、危害性一般的滑坡监测、大型桥梁等 |
| 四等 | 2.0 | 1.0 | 12.0 | 观测精度要求较低的建(构)筑物、普通滑坡监测、中小型桥梁等 |

# 第二节　沉降观测

所谓沉降观测，就是定期地测量变形测量工作点的工程变化情况，根据各工作点间的高差变化，计算建筑物(或地表)的沉降量，沉降速率，确定沉降变形对建筑物破坏的影响程度，为采取必要的建筑物保护措施提供数据资料。

## 一、沉降及其原因

沉降的主要原因如下：

(1)建筑物的沉降与地基的土力学性质和地基的处理方式有关。

(2)建筑物的沉降与建筑物基础的设计有关。

(3)建筑物的沉降与建筑物的上部结构有关，即建筑物基础的荷载有关。

(4)施工中地下水的升降对建筑物沉降也有较大影响。施工周期长，温度等外界条件的强烈变化有可能改变地基上的力学性质，导致建筑物产生沉降。

## 二、点位的埋设

在监测之前，应该先了解工作基点与监测点。

工作基点是用于直接测定监测点的起点或终点。工作基点有很多种，根据实地情况不同而工作基点的样式也不同。例如:普通混凝土标,如图 8-1。

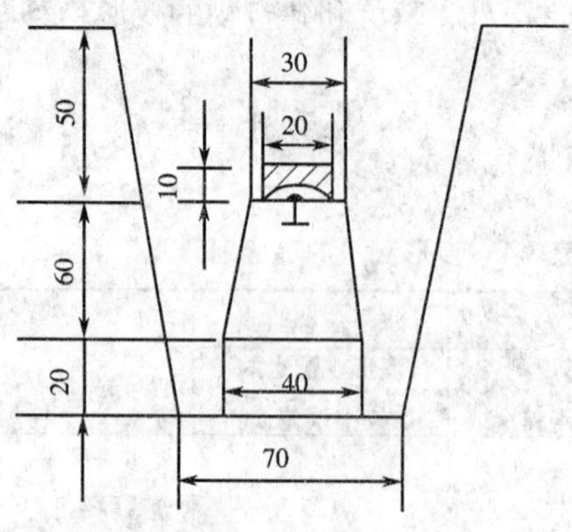


图 8-1 普通混凝土标

工作基点应布置在变形区附近相对稳定的地方,其高程尽可能接近监测点的高程。工作基点一般采用地表岩石标,当建筑物附近的覆盖层较深时,可采用浅埋标志,当新建建筑物附近有基础稳定的建筑物时,也可设置在该建筑物上。因工作基点位于测区附近,应经常与水准基点进行联测,通过联测结果判断其稳定状况,确定工作基点的坐标稳定性,保证监测成果的正确可靠。

监测点是垂直位移监测点的简称,监测点埋设如图 8-2 所示。

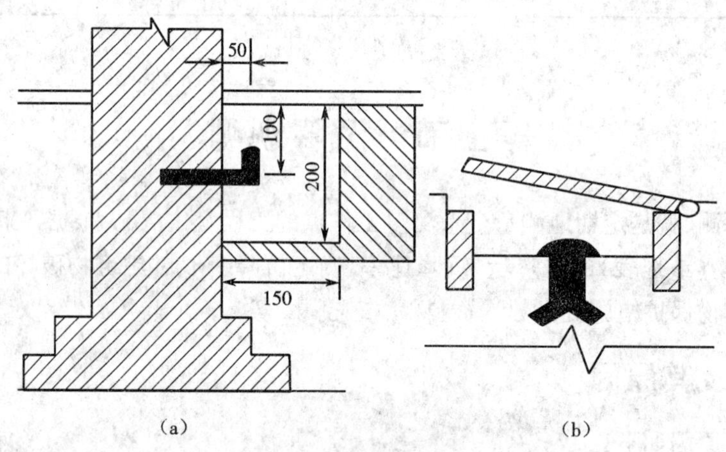


图 8-2 垂直位移监测点

(a)钢筋观测点 (b)盒式观测点

通常布设在被监测工程建筑物上。布设时,要使其位于工程建筑物的特征点上,能充分反映建筑物的沉降变形情况。点位应当避开障碍物,便于观测和长期保护,标志应稳固,不影响建筑物的美观和使用,还要考虑建筑物建筑结构、基础地质、应力分布等,对重要和薄弱部位应该适当增加监测点的数目。

## 三、监测方法

采用精密水准测量方法进行垂直位移监测时,从工作基点开始经过若干监测点,形成一个或多个闭合或附合路线，其中以闭合路线为佳，特别困难的监测点可以采用支水准路线往返测量。

整个监测期间，最好能固定监测仪器和监测人员，固定监测路线和测站，固定监测周期和相应时段。为了减少 $i$ 角误差的影响，水准测量规范对前后视距差和前后视距累积差都有明确的规定，测量中应遵照执行。

控制前后视距差和前后视距累积差，也可有效地减弱磁场和大气垂直折光的影响。水准测量规范对观测程序有明确的要求，往测时，奇数站的观测顺序为“后前前后”；偶数站的观测顺序为“前后后前”。返测时，奇、偶数站的观测顺序与往测偶、奇数站相同。标尺的每米真长偏差应在测前进行检验，当超过一定误差时应进行相应改正。

在沉降观测时，一般采取二等及以上等级的水准测量，一测站操作具体步骤如下：

(1)安置仪器使气泡居中。

(2)将望远镜对准后视标尺，使符合气泡两端的影像近于符合，随后用上、下丝照准标尺基本分划进行视距读数，视距第四位数由测微轮直接读得。然后使水准气泡严格居中，用楔形平分丝精确照准标尺的基本分划，并读出标尺基本分划与测微轮的读数。

(3)旋转望远镜对准前视标尺，水准气泡严格居中，用楔形丝精确对准基本分划。并读出标尺基本分划与测微轮读数。然后用上、下丝照准标尺的基本分划进行视距读数。

(4)用微动螺旋旋转望远镜，照准前视标尺的辅助分划，并使气泡严格居中，读出标尺辅助分划与测微轮读数。

(5)旋转望远镜，照准后视标尺的辅助分划，并使气泡严格居中，使楔形平分丝精确照准并进行辅助分划和测微轮的读数。

# 第三节　位移观测

## 一、测点布设

建筑物水平位移监测的测点宜按两个层次布设，即由控制点组成首级网（控制网），由观测点及所联测的控制点组成次级网（拓展网）。

对于单个建筑物上部或构件的位移监测，可将控制点连同观测点按单一层次布设。

控制网可采用测角网、测边网、边角网和导线网等形式，扩展网和单一层次布网有角度交会、边长交会、边角交会、基准线和附合导线等形式。各种布网均应考虑网形强度，长短边不宜相差悬殊。

为保证变形监测的准确可靠，每一测区的基准点不应少于 2 个，每一测区的工作基点亦不应少于 2 个。基准点、工作基点应根据实际情况构成一定的网形，并按规范规定的精度定期进行检测。

## 二、位移观测

根据实地条件不同，可采用基准线法、交会法、全站仪坐标法等测量水平位移。

**1. 全站仪坐标法**

全站仪架设在已知点上,只要输入测站点、后视点的坐标,瞄准后视点定向,按下反算方位角键,则仪器自动将测站与后视的方位角设置在该方向上。然后,瞄准待测目标,按下测量键,仪器将很快地测量水平角、垂直角、距离,并利用这些数据计算待测点的三维坐标。

**2. 交会法**

测角交会法,如图 8-3 所示,$A$,$B$ 是已知的控制点,$P$ 点为待观测点,分别观测 $\alpha$ 与 $\beta$ 角。

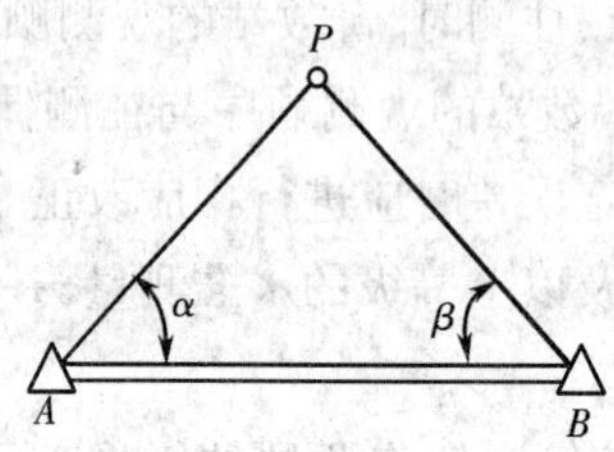


**图 8-3　测角交会法**

由图 8-3 可以得到 $P$ 点的$(x,y)$坐标,如式(8-1)。

$$
\begin{aligned}
x_p &= \frac{x_A \arctan\beta + x_B \arctan\alpha + (y_B - y_A)}{\arctan\alpha + \arctan\beta},\\
y_p &= \frac{y_A \arctan\beta + y_B \arctan\alpha - (x_B - x_A)}{\arctan\alpha + \arctan\beta}。
\end{aligned}
\tag{8-1}
$$

采取测角交会法时应注意:

(1)采用测角交会法时,交会角最好接近 90°,若条件限制,也可设计在 60° ~ 120°之间。

(2)工作基点到测点的距离,一般不宜大于 300 m,当采用三方向交会时,可适当放宽要求。

随着科技的进步,如今 GPS 技术成熟,也可用 GPS 卫星定位测量的方法来观测点位坐标的变化情况,从而求出水平位移。还可以用最新研制的全站式扫描测量仪,对建筑物全方位扫描后,获得建筑物的空间位置分布情况,并生成三维景观图。将不同时期的建筑物三维图进行对比,就可以得到建筑物全息变形值。

## 第四节　竣工测量

在建(构)筑物竣工验收时,为获得工程建成后的各建筑物和构筑物以及地下管网的平面位置和高程等资料而进行的测量工作称为竣工测量。主要内容包括:测绘基础开挖建基面的地形图或纵横断面图,进行建筑物过流部位或隐蔽部位和各种重要孔洞的形体测量,测绘外部变形监测设备的埋设、安装、竣工图以及视需要测绘施工区的竣工平面图。竣工测量的目的一方面是为了监测工程施工定位的质量,另一方面是为今后工程的再施工提供必要的资料,特别是隐蔽工程。

竣工总平面图是规划和设计总平面图施工后实际情况的真实、全面地反映,是一份非常重要的历史性的技术档案资料。由于规划、设计、设计变更及施工原因,最终导致工程实际竣工位置和设计不一致。所以设计总平面图不能完全代替竣工总平面图。竣工总平面图一般采用

1∶500～1∶2 000 比例尺，根据设计图纸、施工测量和竣工测量资料在设计总平面图的基础上进行编绘。对于工业厂房与民用建筑来说，竣工总平面图主要包括：现存的测量控制点位置，建筑方格网和主轴线控制桩；地面和地下建筑物的平面位置和高程；给水、排水、强电、弱电等管线的位置及高程；交通线路及其附属设施的平面位置及高程；室外场地及绿化区的位置和高程。

# 第三篇　实训部分

# 第九章　建筑工程测量实训专项指导

## 第一节　建筑工程测量实训说明

### 一、实训要求

建筑工程测量实训是慕课（MOOC）教学全过程控制模式，即互动式教学体验的重要环节之一，紧跟实践与理论指导之后。实训环节的设置是以分项的形式贴近 MOOC 平台内容与工程实践，保证学生有极高的参与度、可操作性、可应用性。本实训指导教材所涉及的内容，均可以与慕课（MOOC）亲密结合，并且配有网址和二维码。同学们结合线上课程、手机 APP 和教材，能够在教学的各个方面和各个阶段体验到一种有别于以往的课程体验。通过实训环节的训练，我们希望同学们能有如下收获：

（1）进一步巩固和加深测量基本理论和技术方法的理解和掌握，并使之系统化、整体化；

（2）通过实训的全过程，体验建筑施工测量的各个工作阶段，提高使用测绘仪器的操作能力、测量计算能力和综合放样能力，掌握施工控制网或导线的布设、水准测量等工作的原则、步骤、方法和过程；

（3）掌握测设的基本方法，掌握民用建筑施工放样的过程及方法，了解不规则建筑物的放样方法，了解变形监测的意义和方法，了解竣工测量的基本理论和方法；

（4）在各个实践性环节培养应用测量基本理论综合分析问题和解决问题的能力，训练严谨的科学态度和工作作风。

学生通过亲手操作与观测成果的记录、计算及数据处理，提高分析问题和解决问题的能力，加深其理解和掌握测量学的基本知识、基本理论和基本技能。

### 二、实训要求

（1）实训是综合性实践教学，有明确计划性。为了保证完成教学任务，实训工作以小组为单位，各小组根据实训安排，制定工作计划并执行。实训过程中听从指挥，团结协作，协调一致完成各项实训工作。

（2）爱护仪器设备及公共财产，使用时要轻拿轻放，严格遵守仪器使用规则，确保仪器的安全，避免发生仪器丢损事故。如有仪器丢失或损坏现象，按有关规定进行处理。

（3）实训外业工作在校园里开展，车辆和行人干扰因素较多，工作强度大。在实训过程中，有高度组织纪律性，注意自身安全，严禁违章作业，实训之前认真听取安全方面的报告。

（4）外业记录一定要按规定的格式记录，表头要填全，用绘图铅笔记录，字迹清楚，不得涂改，不得转抄。如有记错，应划改。

（5）实训结束时，每人交一份实训心得，一份实训成果报告；每组上交一份完整资料，结合平时表现记录,作为评定成绩的依据。

## 三、实训教学内容及安排

前修课程:测量学。

后续课程:建筑设计,道路勘测设计,路基路面工程等。

(1)实训时间:结合专业培养方案合理设定。

(2)实训地点:西南科技大学城市学院建筑工程实训基地。

(3)实训基本过程:

①实训动员,实训组织与准备;

②平面控制测量;

③高程控制测量;

④建筑物位置放样;

⑤道路曲线测设;

⑥建筑基线定位;

⑦变形监测和竣工测量;

⑧GNSS 定位技术(选做);

⑨实训成果整理、总结报告提交。

## 四、其他

(1)实训平时成绩 40%,成果精度 60%,抄袭成果视情况扣分,直至该项目扣为零分。

(2)违反操作规程损坏仪器设备,除扣分外还要赔偿。

(3)总分不及格则实训不及格。

(4)无故缺勤一次扣除 30 分,两次及以上视为不及格。不及格学生按照学校规定到下一届重修。

# 第二节 实训准备与动员

## 一、本环节目的和任务

介绍实训内容,组织人员分组,落实实训计划,学习实训技术依据,梳理理论知识,明确注意事项以及评分标准。

## 二、实训组织

### 1. 组织机构

(1)由指导教师、班长组成实训领导机构,下设实训小组;

(2)实训小组由四至五人组成,设组长一人(现场指导同学们进行分组,提交分组名单);

(3)外业实训工作由小组组长负责。

2. 职责

(1)班长:负责指导教师的各项指令的下达,全班各组问题的反馈,协助解决各组间实训有关事宜。

(2)组长:提出本组的实训工作安排,组织并实施实训的具体工作,登记考勤,填写实训日志。实训日志内容:当天实训任务完成情况以及存在的问题。

## 三、实训日程安排(如表 9-1 所示)

表 9-1　实训日程安排

| 序号 | 实训内容 | 学时分配 | 备注 |
|---|---|---|---|
| 1 | 实训动员 | 4 | |
| 2 | 平面控制测量 | 4 | |
| 3 | 高程控制测量 | 4 | |
| 4 | 建筑放样 | 4 | |
| 5 | 道路曲线测设 | 4 | |
| 6 | 建筑基线 | 4 | |
| 7 | 变形监测与竣工测量 | 4 | |
| 8 | 实训总结,成果整理 | 4 | |
| | 总计 | 32 | |

## 四、个人实训成绩的评定标准

测量实训外业是以小组为单位集体完成的。为了客观全面地反映个人在实训中的情况,特制订本量化评定标准,内容如表 9-2 所示:

表 9-2　实训成绩的评定标准

| 序号 | 项目 | 基本要求 | 满分 | 考核依据 | 评分 |
|---|---|---|---|---|---|
| 1 | 考勤与纪律 | 按时上下班,全勤、服从指挥、不影响他人、不损坏公共财物 | 20 | 实训日志<br>监督记录 | 1/3 缺勤实训不及格,实行弹性工作制,缺勤一次扣 3 分。隐瞒考勤加倍扣分 |
| 2 | 观测与计算 | 记录齐全、数据准确整洁、表格整齐、计算数据可靠、完成实训的观测任务 | 20 | 小组观测记录个人计算资料(高程、导线、测设等) | 小组成果满分 10 分,个人成果满分 10 分,成果缺一项扣 2 分。伪造成果 0 分 |
| 3 | 仪器操作 | 无事故全组仪器完好无损、操作熟练、数据整洁无误(角度、距离、高程、测图) | 20 | 实训日记事故记录、操作考核材料 | 重大事故实训不及格,记录满分 10 分,操作满分 10 分 |
| 4 | 定位和测设 | 按要求测设设计内容 | 20 | 测设计算资料、放样图、检核记录 | 满分:计算 10 分,放样 10 分 |
| 5 | 总结报告 | 符合提纲要求、分析说明正确、按时提交成果 | 20 | 个人提交的实训报告 | 基本要求 15 分,有新创意 20 分,实训班干部协作好另加分 |

## 五、本次实训作业依据

(1)执行《建筑工程测量规范》,由国家技术监督局、中华人民共和国建设部联合发布;
(2)执行《建筑安装工程施工及验收技术规范》行业标准;
(3)参照《建筑工程测量》《建筑工程测量实验实训指导》教材。

## 六、理论知识梳理

为了进一步提升实训质量,指导教师在本环节需针对后续实训内容做相应知识点梳理,并指导学生完成如下练习,依据练习结果为本环节计分。习题如下:

分项一:测回法观测水平角的记录与计算,完成表9-3,要求在表格下面写出计算过程,并判断是否符合限差要求。

**表9-3 测回法测水平角记录表**

| 测站 | 竖盘位置 | 目标 | 水平度盘读数 | 半测回角值 | 一测回平均角 |
|---|---|---|---|---|---|
| *B* | 左 | J | 0°04′18″ | | |
| | | K | 74°23′42″ | | |
| | 右 | K | 254°24′06″ | | |
| | | J | 180°05′00″ | | |

分项二:方位角推算,已知 $A_1$ 直线的坐标方位角为 61°03′52″,$\beta_1$ = 221°15′05″,$\beta_2$ = 220°54′12″,试求其余各边的坐标方位角。

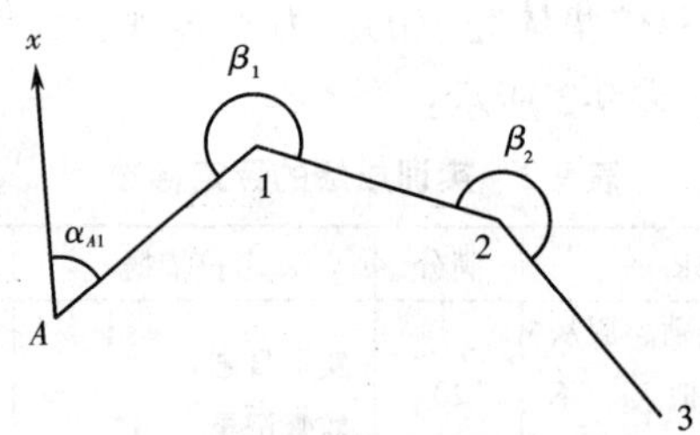


**图9-1 方位角推算**

分项三:钢尺量距计算,用名义长度为30 m的钢尺量距,整尺段数为5,往测的余长为25.478 m,返测的余长为25.452 m,计算相对误差并求出这段距离的总长。

分项四:反算距离和方位角,已知 *A* 点坐标 $x$ = 437.620,$y$ = 721.324;*B* 点坐标 $x$ = 239.460,$y$ = 196.450。求 *AB* 的方位角及边长。

分项五:根据表中的观测数据,计算附合水准路线中各未知水准点的高程。

表 9-4　高程配赋表

| 点号 | 测站数 | 实测高差(m) | 改正数(mm.) | 改正后高差(m) | 高程(m) |
|---|---|---|---|---|---|
| $BM_a$ | 6 | +0.100 | | | 6.612 |
| 1 | 5 | -0.620 | | | |
| 2 | 7 | +0.302 | | | 6.412 |
| $BM_b$ | | | | | |
| $\sum$ | | | | | |

$\sum$　　$f_h$

$f_{h允}$ =　　$|f_h|$　　$|f_{h允}|$

分项六:按照表 9-5,填写四等水准测量手簿。

表 9-5　四等水准测量手簿

测段:自 SB-3 至 SB-1　　日期:　　仪器型号:S3 210033

时刻:始:8 时 8 分　　天气:晴　　观测者:李晓明

末:9 时 6 分　　呈像:清晰稳定　　记录者:张国立

| 测站编号 | 点名 | 后尺 下丝 / 上丝 | 前尺 下丝 / 上丝 | 方向及尺号 | 水准尺读数(m) 黑色面 | 水准尺读数(m) 红色面 | K+黑-红(mm) | 高差中数 |
|---|---|---|---|---|---|---|---|---|
| | | 后视距(m) / 视距差 d | 前视距(m) / 累计差 $\sum d$ | | | | | |
| | | (1) | (5) | 后-尺号 | (3) | (8) | (13) | (18) |
| | | (2) | (6) | 前-尺号 | (4) | (7) | (14) | |
| | | (9) | (10) | 后-前 | (16) | (17) | (15) | |
| | | (11) | (12) | | K1 =4.787 | | K2 =4.687 | |
| 1 | SB-3 至 SA-4 | 1.614 | 0.774 | 后 1 | 1.384 | 6.171 | | |
| | | 1.156 | 0.326 | 前 2 | 0.551 | 5.239 | | |
| | | | | 后-前 | | | | |
| | | | | | | | | |
| 2 | SA-4 至 X-6 | 2.188 | 2.252 | 后 2 | 1.934 | 6.622 | | |
| | | 1.682 | 1.758 | 前 1 | 2.008 | 6.796 | | |
| | | | | 后-前 | | | | |
| | | | | | | | | |
| 3 | X-6 至 X-5 | 1.922 | 2.066 | 后 1 | 1.726 | 6.512 | | |
| | | 1.529 | 1.668 | 前 2 | 1.866 | 6.554 | | |
| | | | | 后-前 | | | | |
| | | | | | | | | |

续表

| 测站编号 | 点名 | 后尺 下丝 / 上丝 | 前尺 下丝 / 上丝 | 方向及尺号 | 水准尺读数(m) 黑色面 | 水准尺读数(m) 红色面 | K+黑-红(mm) | 高差中数 |
|---|---|---|---|---|---|---|---|---|
| | | 后视距(m) | 前视距(m) | | | | | |
| | | 视距差 $d$ | 累计差 $\sum d$ | | | | | |
| 4 | X-5至X-4 | 2.041 | 2.220 | 后2 | 1.832 | 6.520 | | |
| | | 1.622 | 1.790 | 前1 | 2.007 | 6.793 | | |
| | | | | 后-前 | | | | |
| | | | | | | | $\sum(18)=$ | |
| 检核 | | $\sum(9)=$ | | 后 | $\sum(3)=$ | | $\sum(8)=$ | |
| | | $\sum(10)=$ | | 前 | $\sum(4)=$ | | $\sum(7)=$ | |
| | | $\sum d=(12)$末= | | 后-前 | $\sum(16)=$ | | $\sum(17)=$ | |
| | | $L=$ | | | $\left[\sum(16)+\sum(17)/2\right]=\sum(18)$ | | | |

分项七:根据表9-6中的观测数据,计算附合水准路线中各未知水准点的高程。

**表9-6 高程配赋表**

| 点号 | 测站数 | 实测高差(m) | 改正数(mm) | 改正后高差(m) | 高程(m) |
|---|---|---|---|---|---|
| *BM* | 6 | +0.100 | | | 6.612 |
| 1 | 5 | -0.620 | | | |
| 2 | 7 | +0.302 | | | |
| *BM* | | | | | 6.412 |
| $\sum h_{理}=$ | | $f_h=f_{h允}=$ | | | |
| $\lvert f_h\rvert$ | | $\lvert f_{h允}\rvert$ | | | |

分项八:设有导线1—2—3—4—5—1,其已知数据和观测数据列于表9-7中(表中已知数据用双线标明),试计算各导线点的坐标。

**表9-7 坐标推算**

| 点号 | 观测角(右角)(° ′ ″) | 坐标方位角 α(° ′ ″) | 距离 $D$(m) | 坐标值 $x$ | 坐标值 $y$ | 点号 |
|---|---|---|---|---|---|---|
| 1 | | | | 1 000.00 | 1 000.00 | |
| | | 98 25 36 | 199.36 | | | |
| 2 | 128 39 34 | | | | | |
| | | | 150.23 | | | |
| 3 | 85 12 33 | | | | | |
| | | | 183.45 | | | |
| 4 | 124 18 54 | | | | | |
| | | | 105.42 | | | |
| 5 | 125 15 46 | | | | | |
| | | | 185.26 | | | |
| 1 | 76 34 13 | | | | | |

# 第三节　建筑平面控制测量

## 一、本环节目的和任务

采用导线测量的方法进行建筑平面控制，要求：

(1)掌握闭合导线的布设方法(导线等级按照实际情况选定)。

(2)掌握闭合导线的外业观测、计算方法。

## 二、仪器设备

每组由组长组织，到建筑工程测量实训基地领取 DJ6 级电子经纬仪 1 套，钢尺 1 把，测钎 2 个，标杆 2 根，小钉 4～6 个，计算器 1 个，记录板 1 块。

## 三、实习任务

每组按照要求在建筑工程测量实训场地，完成闭合导线的选点、水平角观测、边长测量、导线计算平差的任务。

## 四、实习知识要点

### (一)导线的布设形式

闭合导线如图 9-1 所示，导线从已知控制点 $B$ 和已知方向 $BA$ 出发，经过 1,2,3,4 最后仍回到起点 $B$，形成一个闭合多边形，这样的导线称为闭合导线。闭合导线本身存在着严密的几何条件，具有检核作用。

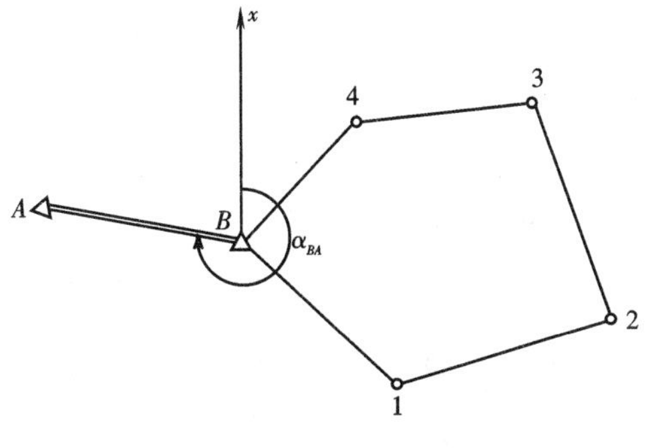


**图 9-2　闭合导线**

### (二)导线测量的外业工作

**1. 踏勘选点**

在选点前，应先收集测区已有地形图和已有高级控制点的成果资料，将控制点展绘在原有地形图上，然后在地形图上拟定导线布设方案，最后到野外踏勘，核对、修改、落实导线点的位置，并建立标志。

选点时应注意下列事项：

(1)相邻点间应相互通视良好,地势平坦,便于测角和量距。

(2)点位应选在土质坚实,便于安置仪器和保存标志的地方。

(3)导线点应选在视野开阔的地方,便于碎部测量。

(4)导线边长应大致相等,其平均边长应符合表 9-8 所示。

(5)导线点应有足够的密度,分布均匀,便于控制整个测区。

**2. 建立临时性标志**

导线点位置选定后,要在每一点位上打一个木桩,在桩顶钉一小钉,作为点的标志。也可在水泥地面上用红漆划一圆,圆内点一小点,作为临时标志,并以导线点统一编号。本次实训采用小钢钉标定。

**3. 导线边长测量**

导线边长可用钢尺直接丈量,或用光电测距仪直接测定。

用钢尺丈量时,选用检定过的 30 m 或 50 m 的钢尺,导线边长应往返丈量各一次,往返丈量相对误差应满足表 9-9 的要求。

**4. 转折角测量**

导线转折角的测量一般采用测回法观测。在附合导线中一般测左角;在闭合导线中,一般测内角;对于支导线,应分别观测左、右角。不同等级导线的测角技术要求详见表 9-9。图根导线一般用 DJ6 经纬仪测一测回,当盘左、盘右两半测回角值的较差不超过 ±35″时,取其平均值。

**5. 连接测量**

导线与高级控制点进行连接,以取得坐标和坐标方位角的起算数据,称为连接测量。如图 9-2 所示,$A$,$B$ 为已知点,1 ~ 5 为新布设的导线点,连接测量就是观测连接角 $\beta_B$,$\beta_1$ 和连接边 $D_{B1}$。

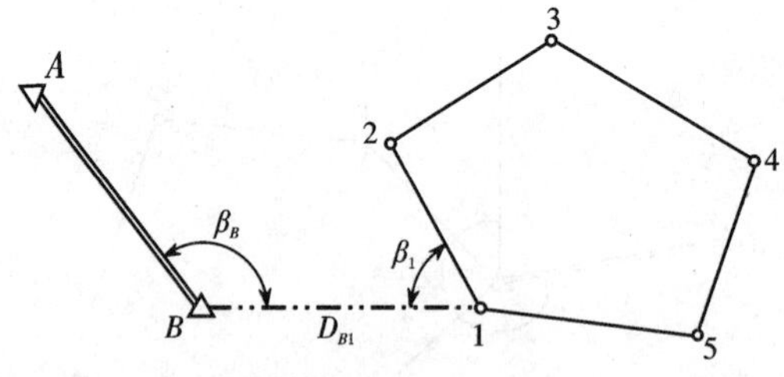


**图 9-3 导线连测**

如果附近无高级控制点,则应用罗盘仪测定导线起始边的磁方位角,并假定起始点的坐标作为起算数据。水平角测量和距离测量技术要求依据《建筑工程测量规范》中的有关规定。

**表 9-8 导线测量的主要技术要求**

| 等级 | 导线长度(km) | 平均边长(km) | 测角中误差(″) | 测距中误差(mm) | 测距相对中误差 | 测回数 | | | 方位角闭合差(″) | 相对闭合差 |
|---|---|---|---|---|---|---|---|---|---|---|
| | | | | | | DJ1 | DJ2 | DJ6 | | |
| 三等 | 14 | 3 | 1.8 | 20 | ≤1/150 000 | 6 | 10 | — | $3.6\sqrt{n}$ | ≤1/55 000 |

续表

| 等级 | 导线长度(km) | 平均边长(km) | 测角中误差(″) | 测距中误差(mm) | 测距相对中误差 | 测回数 | | | 方位角闭合差(″) | 相对闭合差 |
|---|---|---|---|---|---|---|---|---|---|---|
| | | | | | | DJ1 | DJ2 | DJ6 | | |
| 四等 | 9 | 1.5 | 2.5 | 18 | ≤1/80 000 | 4 | 6 | — | $5\sqrt{n}$ | ≤1/35 000 |
| 一级 | 4 | 0.5 | 5 | 15 | ≤1/30 000 | — | 2 | 4 | $10\sqrt{n}$ | ≤1/15 000 |
| 二级 | 2.4 | 0.25 | 8 | 15 | ≤1/14 000 | — | 1 | 3 | $16\sqrt{n}$ | ≤1/10 000 |
| 三级 | 1.2 | 0.1 | 12 | 15 | ≤1/7 000 | — | 1 | 2 | $24\sqrt{n}$ | ≤1/5 000 |

注:①表中 $n$ 为测站数;

②当测区测图的最大比例尺为1:1 000时,一、二、三级导线的平均边长及总长可适当放长,但最大长度不应大于表中规定的2倍。

**表9-9　水平角方向观测法的各项限差**

| 等级 | 经纬仪型号 | 光学测微器两次重合读数差(″) | 半测回归零差 | 一测回中两倍照准差(2c)较差(″) | 同一方向各测回间较差(″) |
|---|---|---|---|---|---|
| 四等及以上 | DJ 1 | 1 | 6 | 9 | 6 |
| | DJ 2 | 3 | 8 | 13 | 9 |
| 一级及以下 | DJ 2 | — | 12 | 18 | 12 |
| | DJ 6 | — | 18 | — | 24 |

(三)闭合导线内业计算

闭合导线如图9-4所示,计算示例见表9-10。其内业计算步骤如下。

**表9-10　光电测距导线的主要技术要求**

| 等级 | 测图比例尺 | 导线长度/m | 平均边长/m | 测距中误差/mm | 测角中误差/″ | 导线全长相对闭合差 | 测回数 | | 方位角闭合差/″ |
|---|---|---|---|---|---|---|---|---|---|
| | | | | | | | DJ2 | DJ6 | |
| 一级 | | 3 600 | 300 | ≤±15 | ≤±5 | ≤1/14 000 | 2 | 4 | $\le 10\sqrt{n}$ |
| 二级 | | 2 400 | 200 | ≤±15 | ≤±8 | ≤1/10 000 | 1 | 3 | $\le 16\sqrt{n}$ |
| 三级 | | 1 500 | 120 | ≤±15 | ≤±12 | ≤1/6 000 | 1 | 2 | $\le 24\sqrt{n}$ |
| 图根 | 1:500 | 900 | 80 | | | ≤1/4 000 | | 1 | $\le 40\sqrt{n}$ |
| | 1:1 000 | 1 800 | 150 | | | | | | |
| | 1:2 000 | 3 000 | 250 | | | | | | |

注:$n$ 为测站数。

**1. 角度平差**

①角度闭合差:

$$W_\beta = [\beta_{内}] - (n-2)\cdot 180°,$$

式中　$n$——折角 $\beta$ 的个数。

②角度闭合差限差:

$$W_{\beta允} = \pm 40\sqrt{n}\,(″),$$

式中　$n$——折角 $\beta$ 的个数。

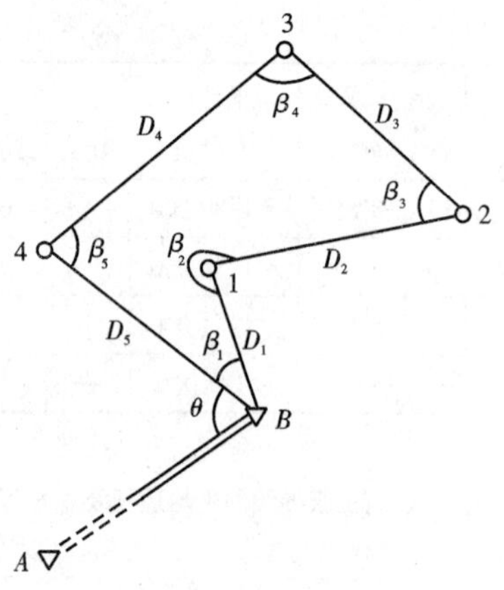


图 9-4 闭合导线

③角度改正数：

$$V_{\beta_i} = -\frac{W_\beta}{n}。$$

说明：$V_{\beta_i}$与 $W_\beta$ 的单位应相同，一般以秒为单位。

④检核计算：

$$[V_\beta] = -W_\beta。$$

根据上述检核计算公式实际计算时，会发现有时上式不相等，这是由于角度改正数计算时取有效位而产生的凑整误差造成的。为了使检核计算式两端相等，应将凑整误差分配到观测角改正数 $V_{\beta_i}$中，这称为凑整误差调整。

该凑整误差调整的原则是：在短边两端的观测角对应的改正数 $V_{\beta_i}$上调整，一个观测角对应的改正数 $V_{\beta_i}$上只能调整 1 秒。

⑤平差角计算：

$$\beta_i' = \beta_i + V_{\beta_i}。$$

检核：$[\beta'] = (n-2) \cdot 180°$。

**2. 推算导线各边坐标方位角**

①计算导线各边坐标方位角： $\alpha_{前} = \alpha_{后} + \beta'_{左i} + 180°$，

即： $\alpha_{i+1} = \alpha_i + \beta'_{左i} + 180°$。

或者 $\alpha_{前} = \alpha_{后} - \beta'_{右i} + 180°$，

即 $\alpha_{i+1} = \alpha_i - \beta'_{右i} + 180°$。

②检核计算：

从已知边 $AB$ 开始，再推回到已知边 $BA$ 结束，则已知边坐标方位角的计算值 $\alpha_{BA}$应与其已知值 $\alpha_{AB} \pm 180°$相等。这里需要强调的是：已知边与未知边的连接角 $\theta$ 若测错或整理数据过程中转抄错，在计算中将无法发现。因此，观测前，应加强对已知点位和已知方向的确认，保证无误；观测中，应保证观测角值 $\theta$ 观测准确无误（一般应比 $\beta$ 角多测一个测回）；计算中，应保证 $\theta$ 角的转抄准确无误。

**3. 坐标增量计算**

①坐标增量：

$$\Delta X_i = D_i \cdot \cos \alpha_i;$$
$$\Delta Y_i = D_i \cdot \cos \alpha_i。$$

②坐标增量闭合差：

$$W_X = [\Delta X_{测}] - \Delta X_{理} = [\Delta X_{测}];$$
$$W_Y = [\Delta Y_{测}] - \Delta Y_{理} = [\Delta Y_{测}];$$
$$W_S = \pm\sqrt{W_X^2 + W_Y^2}。$$

$W_S$ 为导线全长闭合差,也叫导线点位闭合差。

说明:当导线长度短于规范规定的$\frac{1}{3}$时,导线点位闭合差不应大于图上 0.3 mm,即:$W_{S允} = \pm 0.3 \cdot M(\text{mm})$($M$ 为测图比例尺分母)。

$$\frac{1}{N} = \frac{|W_S|}{[D]} \leqslant \frac{1}{2000}\left(\frac{1}{N}\text{为导线全长相对闭合差}\right)。$$

③坐标增量改正数:

$$V_{xi} = -\frac{W_X}{[D]} \cdot D_i;$$
$$V_{yi} = -\frac{W_Y}{[D]} \cdot D_i。$$

检核计算:

$$[V_x] = -W_X;$$
$$[V_y] = -W_Y。$$

根据上述检核计算公式实际计算时,会发现有时上式不相等,这是由于坐标增量改正数 $V_{xi}$,$V_{yi}$计算时取有效位而产生的凑整误差造成的。为了使检核计算式两端相等,应将凑整误差分配到坐标增量改正数 $V_{xi}$,$V_{yi}$中,这称为凑整误差调整。

该凑整误差调整的原则:在长边所对应的坐标增量改正数 $V_{xi}$,$V_{yi}$上调整,一个 $V_{xi}$或 $V_{yi}$上只能调整 1 mm。

④改正后坐标增量:

$$\Delta X_i' = \Delta X_i + V_{xi},$$
$$\Delta Y_i' = \Delta Y_i + V_{yi}。$$

检核计算:

$$[\Delta X'] = \Delta X_{理} = 0,$$
$$[\Delta Y'] = \Delta Y_{理} = 0。$$

**4. 坐标计算**

$$X_{i+1} = X_i + \Delta X'_{i-(i+1)},$$
$$Y_{i+1} = Y_i + \Delta Y'_{i-(i+1)}。$$

检核计算:最末点坐标的 $X_B$ 和 $Y_B$ 的计算值应与其已知值完全相等,否则,说明计算过程有误。

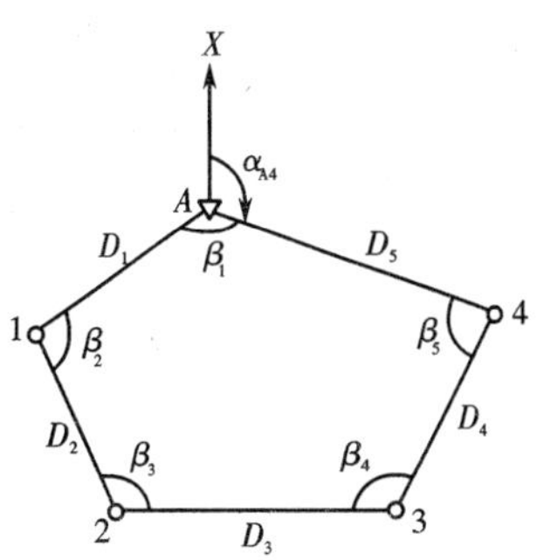

图 9-5　独立测区的闭合导线

独立测区所布设的闭合导线如图 9-5 所示,常常是假定一个地面点为已知点,如图中的 A 点;假定一条边的坐标方位角已知，如图中的 $\alpha_{A4}$。这种图形没有连接角 $\theta$。其内业平差计算的思路与方法与图 9-4 所示的闭合导线基本相同。

**表 9-11　闭合导线近似平差计算**

计算者：孙海斌　　　　　　　　　　　　　　　　　　　　　　　　检查者：刘刚

| 点名 | 观测角值<br>° ′ ″ | 坐标方位角<br>° ′ ″ | 边长<br>(m) | 坐标增量 | | 坐标 | |
|---|---|---|---|---|---|---|---|
| | | | | $\Delta X$ | $\Delta Y$ | $X$ | $Y$ |
| $A$ | ($\theta$)<br>80 50 42 | | | | | 5 037.829 | 13 588.213 |
| | | 39 23 48 | | | | | |
| $B$ | +10<br>37 36 34 | | | | | 5 105.567 | 13 643.847 |
| | | 337 51 14 | 44.328 | +41.058 | +1<br>−16.710 | | |
| 1 | +9<br>263 55 18 | | | | | 5 146.625 | 13 627.138 |
| | | 61 46 41 | 83.461 | +39.468 | +2<br>+73.539 | | |
| 2 | +9<br>63 44 30 | | | | | 5 186.093 | 13 700.679 |
| | | 305 31 20 | 72.067 | +41.872 | +2<br>−58.655 | | |
| 3 | +9<br>97 02 58 | | | | | 5 227.965 | 13 642.026 |
| | | 222 34 27 | 107.303 | −79.018 | +3<br>−72.595 | | |
| 4 | +9<br>77 39 54 | | | | | 5 148.947 | 13 569.434 |
| | | 120 14 30 | 86.132 | −43.380 | +3<br>+74.410 | | |
| $B$ | ($\theta$)<br>−80 50 42 | | | | | 5 105.567 | 13 643.847 |
| | | 219 23 48 | | | | | |
| $A$ | | | | | | 5 037.829 | 13 588.213 |
| Σ | | | [393.291] | [0] | [−0.011] | | |
| 辅助计算 | $W_\beta = -46''$　$W_X = 0$　$W_Y = -11$ mm　$W_S = \pm 11$ mm<br>$W_{\beta允} = \pm 40\sqrt{n} = \pm 40\sqrt{5} = \pm 89.4''$　$\frac{1}{N} = \frac{1}{35754}$ | | | | | | |

## 五、实训记录表

**表 9-12　导线测量外业记录表**

日期：______年______月______日　天气：____________　仪器型号：____________　组号：____________

观测者：____________________　记录者：____________　参加者：____________

| 测点 | 盘位 | 目标 | 水平度盘读数<br>° ′ ″ | 水平角 | | 示意图及边长 |
|---|---|---|---|---|---|---|
| | | | | 半测回值<br>° ′ ″ | 一测回值<br>° ′ ″ | |
| | | | | | | |
| | | | | | | |
| | | | | | | 边长名：__________ |
| | | | | | | 第一次 = ______ m。<br>第二次 = ______ m。<br>平　均 = ______ m。 |

续表

| 测点 | 盘位 | 目标 | 水平度盘读数<br>° ′ ″ | 水平角 | | 示意图及边长 |
|---|---|---|---|---|---|---|
| | | | | 半测回值<br>° ′ ″ | 一测回值<br>° ′ ″ | |
| | | | | | | |
| | | | | | | |
| | | | | | | |
| | | | | | | 边长名:______<br>第一次 = _____ m。<br>第二次 = _____ m。<br>平　均 = _____ m。 |
| | | | | | | |
| | | | | | | |
| | | | | | | |
| | | | | | | 边长名:______<br>第一次 = _____ m。<br>第二次 = _____ m。<br>平　均 = _____ m。 |
| | | | | | | |
| | | | | | | |
| | | | | | | |
| | | | | | | 边长名:______<br>第一次 = _____ m。<br>第二次 = _____ m。<br>平　均 = _____ m。 |
| 校核 | | 内角和闭合差 $f$ = | | | | |

# 第四节 高程控制测量

## 一、目的和任务

(1)采用四等水准测量的方法进行高程控制(参见四等水准测量实验);

(2)采用二等水准测量的方法进行高程控制。

要求:

①掌握闭合水准路线的布设方法。

②掌握闭合水准路线的外业观测以及内业计算方法。

## 二、仪器设备

每组由组长组织,到建筑工程测量实训基地领取 DS3 级光学水准仪 1 套(或者 DS1 级别数字水准仪一套),小钉 6 ~ 8 个,计算器 1 个,记录板 1 块。

## 三、实习任务

每组按照要求在建筑工程测量实训场地完成闭合水准路线的选点、埋标、四等水准测量（或者二等水准测量）观测及测站检核、高程控制内业平差的任务。

## 四、实习知识要点

（一）水准路线的布设形式

闭合水准路线如图9-6所示，水准路线从已知水准点*BM*5出发，经过1，2，3，4，5最后仍回到起点*BM*5，形成一个闭合的环形路线，这样的路线称为闭合水准路线。闭合水准路线本身具有检核作用。

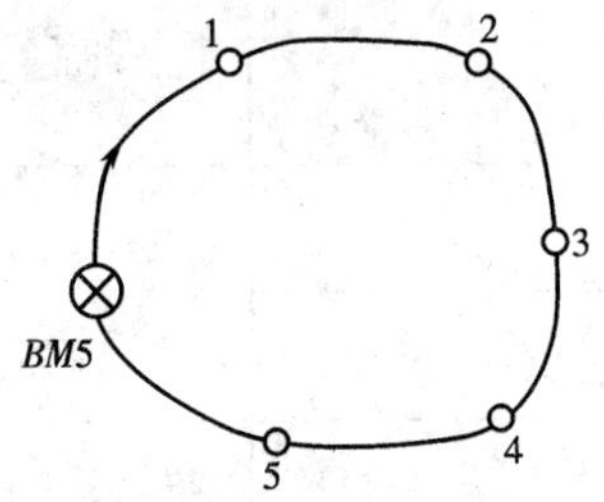


**图9-6 闭合水准路线**

（二）高程控制测量的外业工作

**1. 踏勘选点**

在选点前，应先收集测区已有地形图和已有高级控制点的成果资料，最后到野外踏勘，核对、修改、落实水准点的位置，并建立标志。

选点时应注意下列事项：

（1）尽量避开土质松软地段。

（2）点位应选在土质坚实，能长久保存和便于观测的地方。

（3）不要选在地下管线上方。

（4）距离厂房或高大建筑物不小于25 m。

（5）距离震动影响区5 m以外。

**2. 建立临时性标志**

水准点位置选定后，要在每一点位上打一个木桩，在桩顶钉一小钉，作为点的标志。也可在水泥地面上用红漆划一圆，圆内点一小点，作为临时标志，并将水准点统一编号。本次实训采用小钢钉标定。

**3. 四等水准测量**

采用双面尺法进行四等水准测量。

四等水准测量应满足表9-13和表9-14的要求。

表 9-13　三、四等水准测量测站的技术要求表

| 等级 | 三 | | 四 | 备注 |
|---|---|---|---|---|
| 仪器型号 | DS1 | DS3 | DS3 | |
| 视线长度(m) | ≤100 | ≤75 | ≤80 | |
| 前后视距差(m) | ≤2.0 | | ≤3.0 | |
| 前后视距差累积差(m) | ≤5.0 | | ≤10.0 | |
| 视线离地面最低高度(m) | 三丝能读数 | | 三丝能读数 | |
| 基辅分划、黑红面读数较差(mm) | 光学测微法 1.0<br>中丝读数法 2.0 | | 3.0 | |
| 基辅分划、黑红面所测高差较差(mm) | 光学测微法 1.5<br>中丝读数法 3.0 | | 5.0 | |

表 9-14　三、四等水准测量的技术要求表(续)

| 等级 | | 三 | 四 | 备注 |
|---|---|---|---|---|
| 观测顺序 | | 后前前后 | 后前前后 | |
| 观测次数 | 与已知点联测 | 往返 | 往返 | |
| | 环线或附合 | 往返 | 往 | |
| 往返较差、环线或附合路线闭合差(mm) | 平丘地 | $\pm 12\sqrt{L}$ | $\pm 20\sqrt{L}$ | |
| | 山地 | $\pm 3\sqrt{n}$ | $\pm 6\sqrt{n}$ | |

**4. 二等水准测量**

(1)仪器:使用 DS1 级别数字水准仪及 2 m 铟钢尺。

(2)观测程序:二等水准测量奇数站观测水准尺的顺序为:后—前—前—后;即先照准后视基本分划读数,然后照准前视基本分划读数,再照准前视辅助分划读数,最后照准后视辅助分划读数。偶数站观测水准尺的顺序为:前—后—后—前;即先照准前视基本分划读数,然后照准后视基本分划读数,再照准后视辅助分划读数,最后照准前视辅助分划读数。

二等水准应满足表 9-15 的要求。

表 9-15　二等水准测量技术要求

| 视线长度/m | 前后视距差/m | 前后视距累积差/m | 视线高度/m | 两次读数所得高差之差/mm | 水准仪重复测量次数 | 测段、环线闭合差/mm |
|---|---|---|---|---|---|---|
| ≥3 且≤50 | ≤1.5 | ≤6.0 | ≤1.80 且≥0.55 | ≤0.6 | ≥2 次 | $\leqslant 4\sqrt{L}$ |

注:$L$ 为路线的总长度,以 km 为单位。

(3)测站计算:二等水准测量测站计算如表 9-16。

表 9-16 二等水准测量手簿

| 测站编号 | 后距 | 前距 | 方向及尺号 | 标尺读数 | | 两次读数之差 | 备注 |
|---|---|---|---|---|---|---|---|
| | 视距差 | 累积视距差 | | 第一次读数 | 第二次读数 | | |
| 1 | 31.5 | 31.6 | 后 B1 | 15 396 | 15 395 | +1 | |
| | | | 前 | 13 926 | 13 926 | 0 | |
| | -0.1 | -0.1 | 后-前 | +1 460 | +1 459 | +1 | |
| | | | h | +0.1460 | | | |
| 2 | 36.9 | 37.2 | 后 | 13 740 | 13 740 | -1 | |
| | | | 前 | 11 441 | 11 441 | 0 | |
| | -0.3 | -0.4 | 后-前 | + 2 299 | + 2 298 | -1 | |
| | | | h | -0.2299 | | | |

视距差 = 后视距 - 前视距；

累积视距差 = 本站视距差 + 上站累积差（对于第 1 站，累积差 = 视距差）；

两次读数之差 = 第一次读数 - 第二次读数；

高差 = 后视读数 - 前视读数；

两次读数所得高差之差 = 第 1 次所得高差 - 第 2 次所得高差

= 后视两次读数之差 - 前视两次读数之差。

（三）闭合水准路线内业计算

水准测量的成果计算首先要算出高差闭合差，它是衡量水准测量精度的重要指标。当高差闭合差在允许值范围内时，再对闭合差进行调整，求出改正后的高差，最后求出待测水准点的高程。下面通过实例介绍闭合水准路线内业成果计算的方法与步骤。

【实例】 在顺时针进行方向的闭合水准路线中，*BMA* 为已知高程水准点，高程为 45.342 m；1，2，3 点为待求高程的水准点，测得四段高差分别为 1.323，3.472，-2.619，-2.126，各测段测站数分别为 6，12，8，10，计算成果见表 9-17。

**1. 高差闭合差的计算**

计算高差闭合差

$$f_h = \sum h_{测} = 1.323 + 3.472 - 2.619 - 2.126 = 0.050\ \text{m}。$$

设为山地，闭合差的允许值为

$$f_{h允} = \pm 12\sqrt{n} = \pm 12\sqrt{36} = \pm 72\ \text{mm}。$$

由于 $|f_h| < |f_{h允}|$，高差闭合差在限差范围内，说明观测成果的精度符合要求。

**表 9-17　闭合水准路线成果计算**

| 测段编号 | 点号 | 测站数 | 实测高差/m | 改正数/mm | 改正后高差/m | 高程/m 备注 |
|---|---|---|---|---|---|---|
| 1 | *BMA* | 6 | +1.323 | -8 | 1.315 | 45.342 |
|  | 1 |  |  |  |  | 46.657 |
| 2 |  | 12 | +3.472 | -17 | 3.455 |  |
|  | 2 |  |  |  |  | 50.112 |
| 3 |  | 8 | -2.619 | -11 | -2.630 |  |
|  | 3 |  |  |  |  | 47.482 |
| 4 |  | 10 | -2.126 | -14 | -2.140 |  |
|  | *BMA* |  |  |  |  | 45.342 |
| $\sum$ |  | 36 | 0.050 | -50 | 0 |  |
| 计算校核 | $f_h=0.050$(m), $f_{h允}=\pm 72$(mm) |  |  |  |  |  |

**2. 闭合差的调整**

水准测量的闭合差可按各测段的长度或测站数成正比例进行调整，其调整值称作改正数，按测站数计算改正数的公式为：

$$V_i = -\frac{f_h}{n} \times n_i。 \tag{9-1}$$

按测段长度计算改正数的公式为：

$$V_i = -\frac{f_h}{L} \times L_i, \tag{9-2}$$

式中　$V_i$——第 $i$ 测段的高差改正数；

$n$——水准路线测站总数；

$n_i$——第 $i$ 测段的测站数；

$L$——水准路线的全长；

$L_i$——第 $i$ 测段的路线长度。

本例是按测站数来计算改正数的，如第 1 测段的改正数为：

$$V_1 = -\frac{f_h}{n} \times n_1 = -\frac{0.050}{36} \times 6 = -0.008\ \text{m}。$$

改正数应凑整至毫米，以米为单位填写在表 9-17 相应栏内。改正数的总和应与闭合差数值相等、符号相反，根据这一关系可对各段高差改正数进行检核。由于取舍误差的存在，在数值上改正数的总和可能与闭合差存在一微小值，此时可将这一微小值强行分配到测站数最多或路线最长的一个或几个测段。

各测段实测高差与其改正数的代数和就是改正后的高差。改正后的高差记入表 9-17 相应栏内。改正后的各测段高差代数和应与水准路线理论高差相等，据此对改正后的各测段高差进行检核。

**3. 计算待定点高程**

用改正后高差，按顺序逐点推算各点的高程，即

$$H_1 = H_{BMA} + h_{1改} = 45.342 + 1.315 = 46.657\ \text{m};$$
$$H_2 = H_1 + h_{2改} = 46.657 + 3.455 = 50.112\ \text{m}。$$

仿此推算出所有待定点的高程,并逐一记入表9-17相应栏内。最后推算得到的BMA点高程应与水准点BMA的已知高程相同,以此来检核高程推算的正确性。

# 第五节 房屋坐标点放样

## 一、目的和任务

学会使用经纬仪与钢尺,采用极坐标法进行房屋已知点位放样。

要求:

(1)掌握坐标反算方法;

(2)掌握经纬搭配钢尺量距的使用方法。

## 二、仪器设备

每组由组长组织,到建筑工程测量实训基地领取经纬仪1套,30 m钢卷尺1把,小钉8~10个,计算器1个。

## 三、实习任务

给定待放样房屋点位坐标以及控制点坐标,要求每组先在教室完成待放样点的方位角以及距离的计算,然后按照要求在建筑工程测量实训场地内,完成具体放样工作。

## 四、实习知识要点

极坐标法是根据水平角和水平距离来测设点的平面位置的方法。如图9-7所示,$A$,$B$点是现场已有的两个测量控制点,其坐标为已知,$P$点为待测设的点,其坐标为已知的设计坐标,测设方法如下:

(1)根据$A$,$B$点和$P$点来计算测设数据$D_{AP}$和$\beta_A$,测站为$A$点,其中$D_{AP}$是$A$,$P$之间的水平距离,$\beta_A$是$A$点的水平角$\angle PAB$。根据坐标反算公式,水平距离$D_{AP}$为

$$D_{AP} = \sqrt{x_{AP}^2 + y_{AP}^2}。 \tag{9-3}$$

水平角$\angle PAB$为

$$\beta_A = \alpha_{AP} - \alpha_{AB}, \tag{9-4}$$

式中$\alpha_{AB}$为$AB$的坐标方位角,$\alpha_{AP}$为$AP$的坐标方位角;其计算式为:

$$\alpha_{AB} = \arctan\frac{y_{AB}}{x_{AB}};$$
$$\alpha_{AP} = \arctan\frac{y_{AP}}{x_{AP}}。 \tag{9-5}$$

(2)现场测设$P$点。

安置经纬仪于$A$点,瞄准$B$点;顺时针方向测设$\beta_A$角定出$AP$方向,由$A$点沿$AP$方向用钢

尺测设水平距离$D_{AP}$即得 $P$ 点。

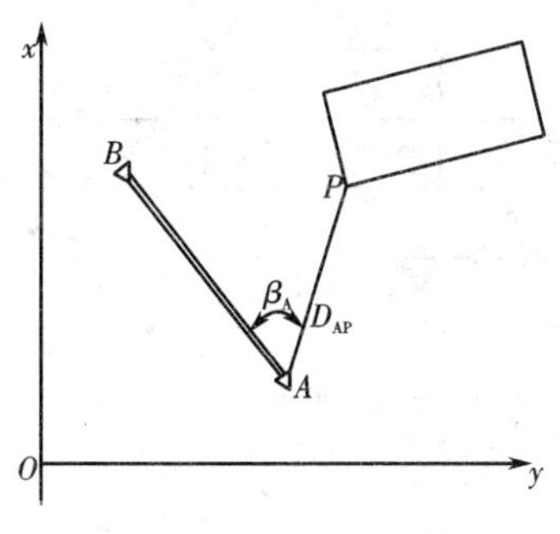


图 9-7　极坐标法测设

例如，设控制点 $A$ 的坐标为(375.078,914.733)，$B$ 的坐标为(452.564,862.631)，待测设点 $P$ 的坐标为(404.320,926.530)，代入上述各式计算可得水平距离$D_{AP}$ = 31.532 m，水平角为 55°53′16″（先计算 $AB$ 的方位角为 326°04′58″，$AP$ 的方位角为 21°58′14″）。测设时安置经纬仪于 $A$ 点，照准 $B$ 点，顺时针方向测设水平角 55°53′16″，并在视线方向上用钢尺测设水平距离 31.532 m，即得 $P$ 点。

也可在 $A$ 点安置经纬仪后，先瞄准 $B$ 点，将水平度盘读数配为 $AB$ 方向的方位角值（如上例的 326°04′58″），然后旋转照准部，当水平度盘读数为 $AP$ 方向的方位角时（如上例的 21°58′14″），即为测设 $P$ 点的视线方向，沿此方向用钢尺量水平距离$D_{AP}$即得点。如表 9-18 所示。用此方法只需计算方位角而不必计算水平角，减少了计算工作量。当在一个测站上一次测设多个点时，节省的计算工作量更多，因此在实际工作中一般用此方法进行极坐标法测设。

如果在一个测站上测设建筑物的四个定位角点，测完后要用钢尺检核四条边的长度是否与设计值相符，用经纬仪检核四个角是否为 90°，边长误差和角度应在限差以内。

表 9-18　房屋坐标点放样计算表

| | X(m) | Y(m) | 方位角 | 距离 |
|---|---|---|---|---|
| 基站坐标 | | | | |
| 方向点坐标 | | | | |
| 放样点坐标 | | | | |
| 点号 | X(m) | Y(m) | 方位角 | 距离 |
| | | | | |
| | | | | |
| | | | | |
| | | | | |
| | | | | |
| | | | | |
| | | | | |
| | | | | |

续表

| 点号 | X(m) | Y(m) | 方位角 | 距离 |
|---|---|---|---|---|
| | | | | |
| | | | | |
| | | | | |
| | | | | |
| | | | | |
| | | | | |
| | | | | |
| | | | | |
| | | | | |
| | | | | |
| | | | | |
| | | | | |
| | | | | |
| | | | | |
| | | | | |
| | | | | |
| | | | | |
| | | | | |
| | | | | |
| | | | | |
| | | | | |
| | | | | |
| | | | | |

# 第六节　圆曲线测设

## 一、目的和任务

(1)在实地测设出圆曲线主点。

(2)根据计算的测设数据及转折点里程,推算各主点里程。

(3)用偏角法每弧长为 10 m 加密圆曲线。

## 二、仪器设备

每组由组长组织,到建筑工程测量实训基地领取经纬仪 1 台,钢尺 1 盘,测钎 1 组,以及木桩。

## 三、实习任务

(1)熟悉圆曲线各元素计算和查表方法。

(2)掌握各主点里程推算方法及主点测设程序。

(3)掌握用偏角法加密曲线的计算与实测方法。

(4)检测弦切角应为 $\alpha/2$,误差应不超过 $2'$。

## 四、实习知识要点

(1)路线交点和转点的测设及转折角的测定。

(2)圆曲线主点测设。

(3)用偏角法测设圆曲线的计算与实例。

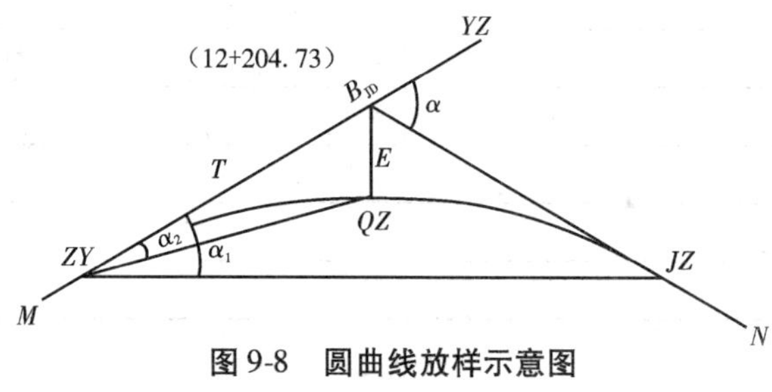


图 9-8　圆曲线放样示意图

## 五、实验步骤

(1)在实验场地上,先布置一折线 *MBN* 为路线,方向如图 9-8 所示,各点钉以木桩,*B* 点为转折点,并设其桩号为(12 +204.73)。

(2)在 *B* 点设站,以测回法一个测回测转折角 $\alpha$。

(3)视现场情况选定半径 *R*,利用曲线表(或按公式计算)计算设置主点所需各元素之值(*T*,*L*,*R*,*D*)。并推算各主点里程桩号。

(4)分别在 *BM*,*BN* 方向上量取 *T* 值,得 *ZY*,*YZ* 点,各钉以木桩,并在桩上注明桩号。

(5)在∠*MBN* 平分线方向上量取 *E* 值,得 *QZ* 点,钉以木桩,注明桩号。

(6)在 *ZY* 或 *YZ* 点上设站,检测弦切角。

(7)在 *ZY* 点设站以折点 *B* 为后视,度盘为 $0°00'00''$(或略大),旋转照准部测设第一点之偏角,并在此方向上量取相应之弦长得第一点,插以测钎作为标记,并附以纸条注明桩号。

(8)继续转动仪器测设第二点之偏角,并用钢尺自第一点量取第二点应有之弦长,采取交会法定出第二点。

(9)依此类推继续定出其他各点,并与已定的 *QZ*,*YZ* 点闭合,其位置偏差应小于弦长的1/1000。

## 六、注意事项

(1)距离计算到 cm,角度计算到 $0.1'$。

(2)圆曲线各点加密点测设出来后,须经教师现场检查才能拔出测钎。并填写实验报告,如表 9-19 和表 9-20 所示。

**表 9-19　实验报告　圆曲线主点设置**

| *JD* | 草图 | 主要点里程计算 |
|---|---|---|
| | | *JD* = |
| | | $-T$ = |
| | | *ZY* = |
| | | $+L$ |
| | | *YZ* |
| | | $-L/2$ |
| 计算数据 | 折角 $\sigma$ = | *QZ* = |
| | 半径 *R* | $+D/2$ |
| | 切线长 *T* = | *JD* =　　　　（校核） |
| | 曲线长 *L* = | |
| | 外距 *E* = | |
| | 超距 *D* = | |
| | | |

**表 9-20　实验报告　偏角法测设圆曲线**

班号__________　姓名__________　仪器号__________　日期__________　天气__________

| 桩号 | 主点名称 | 偏法角数据 | | | | 计算数据 |
|---|---|---|---|---|---|---|
| | | 偏角 | 累计偏角 | 弧长 | 弦长 | |
| | | | | | | |
| | | | | | | |
| | | | | | | |
| | | | | | | |
| | | | | | | |
| | | | | | | |
| | | | | | | |
| | | | | | | |
| | | | | | | |
| | | | | | | |
| | | | | | | |
| | | | | | | |
| | | | | | | |
| | | | | | | |
| | | | | | | |

续表

| 桩号 | 主点名称 | 偏法角数据 | | | | 计算数据 |
|---|---|---|---|---|---|---|
| | | 偏角 | 累计偏角 | 弧长 | 弦长 | |
| 略图与说明 | | | | | | |

# 第七节　道路圆曲线主点测设

## 一、实习目的及要求

(1)掌握圆曲线主点里程的计算方法。

(2)掌握圆曲线主点的测设方法与测设过程。

## 二、仪器设备与工具

(1)由仪器室借领:经纬仪 1 台、木桩 3 个、测钎 3 个、皮尺 1 把、记录板 1 块、测伞 1 把。

(2)自备:计算器、铅笔、小刀、计算用纸。

## 三、实习方法与步骤

(1)在平坦地区定出路线导线的三个交点($JD_1$,$JD_2$,$JD_3$),如图 9-9 所示,并在所选点上用木桩标定其位置。导线边长要大于 30 m,目估右转角 $\beta_{右} < 145°$。

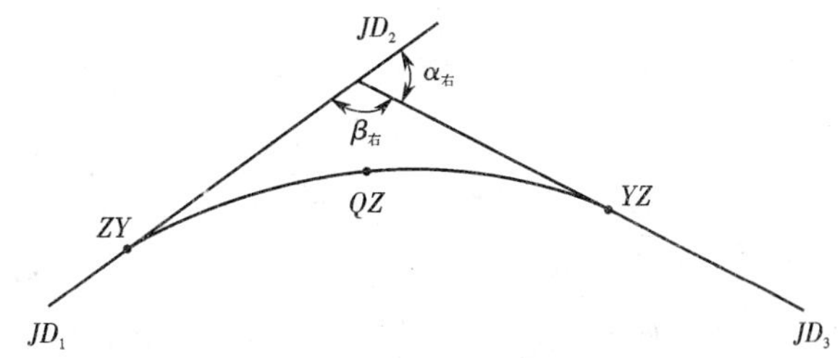


图 9-9　圆曲线主点测设

(2)在交点 $JD_2$ 上安置经纬仪,用测回法观测出 $\beta_{右}$,并计算出右转角 $\alpha_{右}$。

$$\alpha_{右} = 180° - \beta_{右}$$

(3)假定圆曲线半径 $R = 100$ m,然后根据 $R$ 和 $\alpha_{右}$,计算曲线测设元素 $L,T,E,D$。计算公式如下:

切线长　$T = R\text{tg}\dfrac{\alpha}{2}$;　　　　曲线长　$L = R\alpha\dfrac{\pi}{180}$。

外距 $E=R(\sec\frac{\alpha}{2}-1)$； 切曲差 $D=2T-L$。

(4)计算圆曲线主点的里程(假定 $JD_2$ 的里程为 K2+300.00)。计算列表如下：

| | |
|---|---|
| $JD_2$ | K2 + 300.00 |
| −) | $T$ |
| | $ZY$ |
| +) | $L$ |
| | $YZ$ |
| −) | $L/2$ |
| | $QZ$ |
| +) | $D/2$ |
| $JD_2$ | K2 + 300.00　　（检核计算） |

(5)测设圆曲线主点：

①在 $JD_2$ 上安置经纬仪，对中、整平后照准 $JD_1$ 上的测量标志。

②在 $JD_2$—$JD_1$ 方向线上，自 $JD_2$ 量取切线长 $T$，得圆曲线起点 $ZY$，插一测钎，作为起点桩。

③转动经纬仪并照准 $JD_3$ 上的测量标志，拧紧水平和竖直制动螺旋。

④在 $JD_2$—$JD_3$ 方向线上，自 $JD_2$ 量取切线长 $T$，得圆曲线终点 $YZ$，插一测钎，作为终点桩。

⑤用经纬仪设置 $\beta_{右}/2$ 的方向线，即 $\beta_{右}$ 的角平分线。在此角平分线上自 $JD_2$ 量取外距 $E$，得圆曲线中点 $QZ$，插一测钎，作为中点桩。

(6)站在曲线内侧观察 $ZY$，$QZ$，$YZ$ 桩是否有圆曲线的线形，以作为概略检核。

(7)小组成员相互交换工种后再重复(1)、(2)、(3)的步骤，看两次设置的主点位置是否重合。如果不重合，而且差得太大，那就要查找原因，重新测设。如在容许范围内，则点位即可确定。

**表 9-21　圆曲线测设要素计算表**

班级：＿＿＿＿　组别：＿＿＿＿　组长：＿＿＿＿组员：＿＿＿＿

| 题目 | | 道路圆曲线主点测设 | | | 成绩 | |
|---|---|---|---|---|---|---|
| 主要仪器及工具 | | 经纬仪　钢尺　木桩　钢钉 | | | 交点号 | $K3+245.543$ |
| | 盘位 | 目标 | 水平度盘读数 | 半测回右角值 | 一测回角值 | 转角 |
| 转角观测结果 | 盘左 | | | | | |
| | | | | | | |
| | 盘右 | | | | | |
| | | | | | | |
| 转角观测结果 | 盘左 | | | | | |
| | | | | | | |
| | 盘右 | | | | | |
| | | | | | | |

续表

| 元素计算 | R(半径) = 100 m　　α(转角) = 28°24′36″<br>L(曲线长) =　　T(切线长) =　　$E_0$(外矢距) = |
|---|---|
| 主点桩号 | ZY 桩号:　　QZ 桩号:　　YZ 桩号: |

注意事项:放样角度时注意正拨和反拨的关系,测距相对中误差:1/3 000,测角中误差: ±30″。

请画出草图:

**表 9-22 圆曲线主点测设数据记录表**

日期:__________ 班级:__________ 组别:__________ 观测者:__________ 记录者:__________

| 交点号 | | | 交点里程 | | | |
|---|---|---|---|---|---|---|
| 转角观测结果 | 盘位 | 目标 | 水平度盘读数 | 半测回右角值 | 右角 | 转角 |
| | 盘左 | | | | | |
| | | | | | | |
| | 盘右 | | | | | |
| | | | | | | |
| 元素计算 | R(半径) =<br>α(转角) = | | T(切线长) =<br>L(曲线长) = | | E(外矢距) =<br>D(切曲差) = | |
| 主点里程 | ZY 桩号: | | QZ 桩号: | | YZ 桩号: | |
| 主点测设方法 | 测设草图 | | | 测设方法 | | |
| | | | | | | |
| 备注 | | | | | | |

# 第八节　竣工测量

## 一、目的和任务

采用利用已有控制点的方法进行建筑竣工测量，要求：

(1)掌握各种特征点的采集方法。

(2)掌握通过采集的数据计算出特征点的三维坐标法以及白纸成图法。

## 二、仪器设备

每组由组长组织，到建筑工程测量实训基地领取 DJ6 级电子经纬仪 1 套，钢尺 1 把，水准尺 1 把，测钎 2 个，标杆 2 根，计算器 1 个，记录板 1 块。

## 三、实习任务

每组按照要求在建筑工程测量实训场地，完成指定建筑物的选点、外业观测、内业计算、白纸成图的任务。

## 四、实习知识要点

**1. 测图前的准备工作**

(1)图纸准备。

图幅大小一般为 50 cm×50 cm，50 cm×40 cm，40 cm×40 cm。为保证测图的质量，应选择优质绘图纸。一般临时性测图，可直接将图纸固定在图板上进行测绘；需要长期保存的地形图，为减少图纸的伸缩变形，通常将图纸裱糊在锌板、铝板或胶合板上。目前各测绘部门大多采用聚酯薄膜代替绘图纸，它具有透明度好、伸缩性小、不怕潮湿、牢固耐用等特点。聚酯薄膜图纸的厚度为 0.07～0.1 mm，表面打毛，可直接在底图上着墨复晒蓝图，如果表面不清洁，还可用水洗涤，因而方便和简化了成图的工序。但聚酯薄膜易燃、易折和老化，故在使用保管过程中应注意防火防折。

(2)绘制坐标格网。

为了准确地将控制点展绘在图纸上，首先要在图纸上绘制 10 cm×10 cm 的直角坐标格网。绘制坐标格网的工具和方法很多，如可用坐标仪或坐标格网尺等专用仪器工具。坐标仪是专门用于展绘控制点和绘制坐标格网的仪器；坐标格网尺是专门用于绘制格网的金属尺。它们是测图单位的一种专用设备。下面介绍对角线法绘制格网。

如图 9-9 所示，先用直尺在图纸上绘出两条对角线，从交点 o 为圆心沿对角线量取等长线段，得 $a,b,c,d$ 点，用直线顺序连接 4 点，得矩形 $abcd$。再从 $a,d$ 两点起各沿 $ab,dc$ 方向每隔 10 cm 定一点；从 $d,c$ 两点起各沿 $da,cb$ 方向每隔 10 cm 定一点，连接矩形对边上的相应点，即得坐标格网。坐标格网是测绘地形图的基础，每一个方格的边长都应该准确，纵横格网线应严格垂直。因此，坐标格网绘好后，要进行格网边长和垂直度的检查。小方格网的边长检查，可用比例尺量取，其值与 10 cm 的误差不应超过 0.2 mm；小方格网对角线长度与 14.14 cm 的误差不应超过 0.3 mm。方格网垂直度的检查,可用直尺检查格网的交点是否在同一直线上(如图 9-10 中 $mn$ 直线),其偏离值不应超过 0.2 mm。如检查值超过限差,应重新绘制方格网。

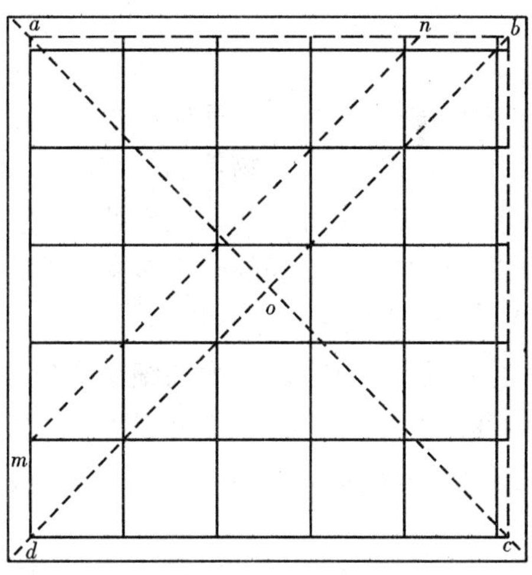


图 9-10　标准图框示意图

(3)展绘控制点。

展绘控制点前,首先要按图的分幅位置,确定坐标格网线的坐标值,也可根据测图控制点的最大和最小坐标值来确定,使控制点安置在图纸上的适当位置,坐标值要注在相应格网边线的外侧(图 9-11)。

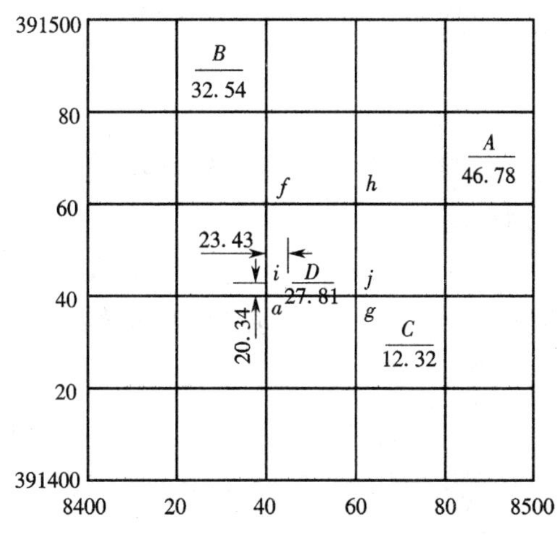


图 9-11　控制点展绘示意图

按坐标展绘控制点,先要根据其坐标确定所在的方格。例如控制点 $D$ 的坐标 $x_D=420.34$ m,$y_D=423.43$ m。根据 $D$ 点的坐标值,可确定其位置在 $efhg$ 方格内。分别从 $ef$ 和 $gh$ 按测图比例尺各量取 20.34 m,得 $i$,$j$ 两点;然后从 $i$ 点开始沿 $ij$ 方向按测图比例尺量取 23.43 m,得 $D$ 点。同法可将图幅内所有控制点展绘在图纸上,最后用比例尺量取各相邻控制点间的距离作为检查,其距离与相应的实地距离的误差不应超过图上 0.3 mm。在图纸上的控制点要注记点名和高程,一般可在控制点的右侧以分数形式注明,分子为点名,分母为高程,如图 9-10 中 $A$,…,$D$ 点。

**2. 碎部测量**

碎部测量是以控制点为测站,测定周围碎部点的平面位置和高程,并按规定的图示符号绘制成图。

(1)碎部点的选择。

地物、地貌的特征点,统称为地形特征点,正确选择特征点是碎部测量中十分重要的工作,它是竣工测量的基础。地物特征点,一般选在地物轮廓的方向线变化处,如房屋角点、道路转折点或交叉点、河岸水涯线或水渠的转弯点等。连接这些特征点,就能得到地物的相似形状。对于形状不规则的地物,通常要进行取舍。一般的规定是主要地物凸凹部分在地形图上大于 0.4 mm 均应测定出来;小于 0.4 mm 时可用直线连接。

碎部点的密度应该适当,过稀不能详细反映地形的细小变化,过密则增加野外工作量,造成浪费。碎部点在地形图上的间距约为 2 ~ 3 cm,各种比例尺的碎部点间距可参考表 9-23。在地面平坦或坡度无显著变化地区,地貌特征点的间距可以采用最大值。

**表 9-23　碎部点间距和最大视距**

| 测图比例尺 | 地形点最大间距/m | 最大视距/m | |
|---|---|---|---|
| | | 主要地物点 | 次要地物点和地形点 |
| 1:500 | 15 | 60 | 100 |
| 1:1 000 | 30 | 100 | 150 |
| 1:2 000 | 50 | 180 | 250 |
| 1:5 000 | 100 | 300 | 350 |

(2)地物的描绘。

工作中,当碎部点展绘在图上后,就可在碎部测量对照实地描绘地物。

**3. 经纬仪(光电测距仪)测绘法**

(1)仪器安置(如图 9-12 所示)。在测站 $A$ 安置经纬仪,量取仪器高 $i$,填入手簿,在视距尺上用红布条标出仪器高的位置 $v$,以便照准。将水平度盘读数配置为 0°,照准控制点 $B$,作

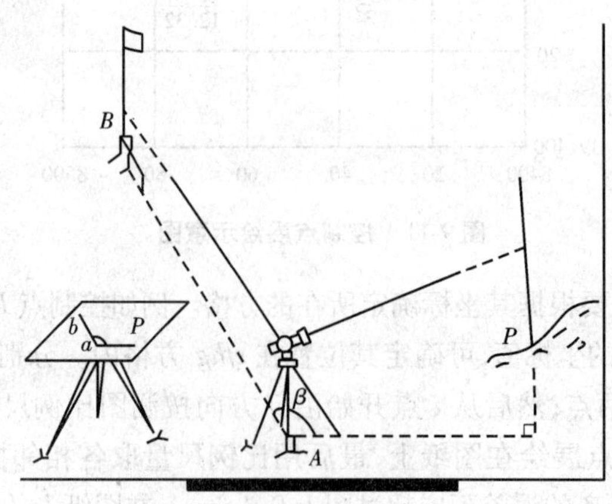


图 9-12　碎部测量操作示意图

为后视点的起始方向，并用视距法测定其距离和高差填入手簿，以便进行检查。当测站周围碎部点测完后，再重新照准后视点检查水平度盘零方向，在确定变动不大于2′后，方能撤站。测图板置于测站旁。

（2）跑尺。在地形特征点上立尺的工作通称为跑尺。立尺点的位置、密度、远近及跑尺的方法影响着成图的质量和功效。立尺员在立尺之前，应弄清实测范围和实地情况，选定立尺点，并与观测员、绘图员共同商定跑尺路线，依次将尺立置于地物特征点上。

（3）观测。将经纬仪照准地形点 $P$ 的标尺，中丝对准视距仪器高处的红布条（或另一位置读数），上下丝读取视距间隔 $l$，并读取竖盘读数 $L$ 及水平角 $\beta$，记入手簿进行计算（表9-11）。然后将 $\beta P$，$DP$，$HP$ 报给绘图员。同法测定其他各碎部点。结束前，应检查经纬仪的零方向是否符合要求。

**表9-24　竣工测量手簿**

测站：A4　　后视点：A3　　仪器高 $i$：1.42 m　　指标差 $x$：±10″　　测站高程 $H$：207.40 m

| 点号 | 视距 $Kl$/m | 中丝读数 $v$ | 水平角 | 竖盘读数 $L$ | 竖直角 | 高差 $h$/m | 水平距离 $D$/m | 高程/m | 备注 |
|---|---|---|---|---|---|---|---|---|---|
| 1 | 85.0 | 1.42 | 160°18′ | 85°48′ | 4°11′ | 6.18 | 84.55 | 213.58 | 水渠 |
| 2 | 13.5 | 1.42 | 10°58′ | 81°18′ | 8°41′ | 2.02 | 13.19 | 209.42 | |
| 3 | 50.6 | 1.42 | 234°32′ | 79°34′ | 10°25′ | 9.00 | 48.95 | 216.40 | |

（4）绘图。绘图是根据图上已知的零方向，在 $a$ 点上用量角器定出 $ap$ 方向，并在该方向上按比例尺针刺 $DP$ 定出 $P$ 点；以该点为小数点注记其高程 $H_P$。同法展绘其他各点，并根据这些点绘图。

（5）内业计算。根据外业测量计算的数据，内业计算出所测碎部点的三维坐标。

①根据已知的控制点坐标反算出已知边的坐标方位角；

②根据所测得的连接角以及距离计算出各连接边的坐标方位角；

③然后再根据计算出来的坐标方位角以及边长计算出坐标增量；

④最后再根据计算出的坐标增量和已知的坐标计算出测点坐标，根据所测高差以及已知高程计算出测点高程。

## 五、实训记录表

**表9-25　竣工测量计算手簿**

日期：______年______月______日　天气：____________　仪器型号：____________　组号：____________

观测者：____________　记录者：____________　参加者：____________

第　页，共　页

| 测站 | 目标点 | 水平盘读数（°　′） | 尺间隔 $L$(m) | 中丝读数 $v$(m) | 竖盘读数（°　′） | 竖直角 α（°　′） | 高差 $h$(m) | 平距 $D$(m) | 高程 $H$(m) | 备注 |
|---|---|---|---|---|---|---|---|---|---|---|
| | | | | | | | | | | |
| | | | | | | | | | | |
| | | | | | | | | | | |

续表

| 测站 | 目标点 | 水平盘读数 (°  ′) | 尺间隔 $L$(m) | 中丝读数 $v$(m) | 竖盘读数 (°  ′) | 竖直角 α (°  ′) | 高差 $h$(m) | 平距 $D$(m) | 高程 $H$(m) | 备注 |
|---|---|---|---|---|---|---|---|---|---|---|
| | | | | | | | | | | |
| | | | | | | | | | | |
| | | | | | | | | | | |
| | | | | | | | | | | |
| | | | | | | | | | | |
| | | | | | | | | | | |
| | | | | | | | | | | |
| | | | | | | | | | | |
| | | | | | | | | | | |
| | | | | | | | | | | |
| | | | | | | | | | | |
| | | | | | | | | | | |
| | | | | | | | | | | |
| | | | | | | | | | | |
| | | | | | | | | | | |
| | | | | | | | | | | |
| | | | | | | | | | | |
| | | | | | | | | | | |
| | | | | | | | | | | |
| | | | | | | | | | | |
| | | | | | | | | | | |
| | | | | | | | | | | |
| | | | | | | | | | | |
| | | | | | | | | | | |
| | | | | | | | | | | |
| | | | | | | | | | | |
| | | | | | | | | | | |
| | | | | | | | | | | |
| | | | | | | | | | | |
| | | | | | | | | | | |

表 9-26　竣工测量计算成果表

| 点号 | 编码 | $X$(m) | $Y$(m) | $H$(m) | 备注 |
|---|---|---|---|---|---|
| | | | | | |
| | | | | | |
| | | | | | |

续表

| 点号 | 编码 | $X$(m) | $Y$(m) | $H$(m) | 备注 |
|---|---|---|---|---|---|
| | | | | | |
| | | | | | |
| | | | | | |
| | | | | | |
| | | | | | |
| | | | | | |
| | | | | | |
| | | | | | |
| | | | | | |
| | | | | | |
| | | | | | |
| | | | | | |
| | | | | | |
| | | | | | |
| | | | | | |
| | | | | | |
| | | | | | |
| | | | | | |
| | | | | | |
| | | | | | |
| | | | | | |
| | | | | | |
| | | | | | |
| | | | | | |
| | | | | | |
| | | | | | |
| | | | | | |
| | | | | | |
| | | | | | |
| | | | | | |
| | | | | | |
| | | | | | |
| | | | | | |
| | | | | | |

# 第九节 建筑方格网的建立

## 一、目的和任务

(1)熟悉建筑方格网的适用范围及其优缺点;

(2)掌握建筑方格网的建立方法。

## 二、仪器设备

每组由组长组织,领取 DJ2 经纬仪、50 m 钢尺、拉力计、温度计、测钎、花杆、记录板等。或:全站仪、手持杆、反光镜、温度计、记录板等。自备:2H 铅笔和计算器等。

## 三、实习任务

每组按照要求在建筑工程测量实训场地,完成指定建筑方格网建立的任务。

## 四、实习知识要点

### 1. 计算放样数据

(1)进行坐标换算,将主点的建筑坐标统一换算为测量坐标系中的坐标;

(2)根据已知控制点和主点在测量坐标系中的坐标,计算各主点的放样数据 $\beta$ 和 $D$。

### 2. 主点放样

(1)采用极坐标法初步放样出各主点;

(2)用不低于 ±5″的仪器和测距设备,测定各主点的精确坐标,与其设计坐标相比较,计算改正数后,用归化法进行改正。

### 3. 主轴线(横向)的检测与校正

(1)在 $O'$ 点安置经纬仪,以 ±2.5″的精度测定 $\angle J_1'O'J_2'=\beta$(如图 9-13),若 $\beta$ 与 180°之差大于 ±2.5″,则须调整主轴点的位置,使其位于一条直线上。

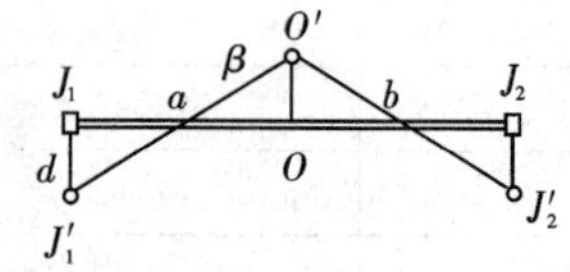


图 9-13 主轴线放样示意图

(2)用近似法调整主轴点位置:

利用公式 $d=[(ab)/(a+b)]\times(90°-\beta/2)\times 1/\rho''$,计算出调整值 $d$ 后,即可对主轴点进行调整。

## 五、注意事项

(1)在调整横向主轴点时,应注意 $\beta$ 角大于 180°和小于 180°时,$d$ 值的移动方向。

(2)在调整纵向主轴点时,应注意 $d$ 的正负与改正方向的关系,$d>0$ 时,$K_3'$向左改正,$d<0$ 时,$K_3'$向右改正。

(3)依照《工程测量规范》,长轴线上的定位点(主点)不得少于 3 个,主点的点位中误差(相对于邻近的测量控制点)不应超过 ±5 cm。

(4)主点放样后,应进行角度观测,检查直线度。交角的测角中误差不应超过 ±2.5″,直线度限差为 180° ±5″。90°交角的限差为 90° ±5″。

(5)边长相对中误差:Ⅰ级:≤1/30 000,Ⅱ级≥1/20 000。

## 六、上交资料

(1)放样数据的计算成果;

(2)直线度、垂直度检测的结果及改正值的计算结果;

(3)指导老师现场检查验收“十”字基线的放样结果。

# 第十节　GNSS 定位技术

## 一、目的和任务

了解 GPS 仪器设备的使用方法,学会使用 GPS 仪器进行控制测量的基本方法,培养学生的实际动手能力;培养学生 GPS 数据处理能力;培养学生 GPS 控制测量的组织能力、独立分析问题和解决问题的能力;培养学生的团队协作、吃苦耐劳的精神,养成严格按照测量规范进行测量作业的工作作风。

## 二、仪器设备

每组由组长组织,到建筑工程测量实训基地领取 GNSS 接收机一台,脚架一个,计算机一台(数据处理),记录板一块。

## 三、实习任务

以班级为单位,按照要求在建筑工程测量实训场地,分小组后,完成 8 个点左右的 E 级 GPS 控制网的选点、组网、观测及数据处理的测量工作。

## 四、实习知识要点

### 1. 布网要求

(1)GPS 网相邻点间基线中误差 $\sigma$ 按下式计算:$\sigma = \pm[a^2 + (bd)^2]$。式中 $a$(mm)为固定误差;$b$(ppm)为比例误差系数;$d$(km)为相邻点间的距离。GPS-E 级网的主要技术要求应符合表 9-27 规定。相邻点最小距离应为平均距离的 1/2 ~ 1/3;最大距离应为平均距离的 2 ~ 3 倍。

**表 9-27　GPS 网的主要技术要求**

| 级别 | 平均距离(km) | $a$(mm) | $b$(ppm) | 最弱边相对中误差 |
| --- | --- | --- | --- | --- |
| E 级 | 0.25 ~ 5 | ≤10 | ≤20 | 1/45 000 |

注:当边长小于 200 m 时,边长中误差应小于 20 mm。

(2)E 级 GPS 网中每个闭合环或附合线路中的边数规定(表 9-28):

表 9-28 闭合环或附合线路边数的规定

| 级别 | E 级 |
|---|---|
| 闭合环或附合线路边数(条) | ≤10 |

(3)GPS 技术设计精度要求(表 9-29)

表 9-29 GPS 技术设计精度要求

| 级别 | 卫星高度角(°) | 有效观测卫星总数 | 时段中任一颗卫星有效观测时间 | 观测时段数 | 时段长度(min) | 数据采样间隔(s) | PDOP 值 |
|---|---|---|---|---|---|---|---|
| E 级 | ≥15 | ≥4 | ≥15 min | ≥2 | ≥40 | 15 | <10 |

注:①观测时段长度应视点位周围障碍物情况、基线长短而做调整;

②可不观测气象要素,但应记录雨、晴、阴、云等天气状况。

**2. 选点要求**

在了解任务、目的、要求和测区自然地理条件的基础上,进行现场踏勘,最后进行选点。选点应符合下列要求:

(1)点位的选择应符合技术设计要求,并有利于其他测量手段进行扩展与联测;

(2)点位的基础应坚实稳定,易于长期保存,并应有利于安全作业;

(3)点位应便于安置接收设备和操作,视野应开阔,视场内周围障碍物的高度角一般应小于 15°;

(4)点位应远离大功率无线电发射源(如电视台、微波站等),其距离不得小于 200 m,并应远离高压输电线,其距离不得小于 50 m,以避免周围磁场对卫星信号的干扰;

(5)点位附近不应有对电磁波反射(或吸收)强烈的物体,以减少多路径效应的影响;

(6)交通应便于作业,以提高作业效率;

(7)应充分利用符合上述要求原有的控制点及其标石,但利用旧点时应检查旧点的稳定性、完好性,符合要求方可利用;

(8)选好点后应按合理的方法给 GPS 点编号。

此外,有时还需考虑测区内的通信设施、电力供应等情况,以便于各点之间的联络和设备用电或充电。特别地,如遇大面积水域,应多考虑大面积水域引起多路径效应对外业数据精度的影响。

**3. 数据处理**

(1)处理方法与软件。

根据需要选择南方 GPS 数据处理、LGO 数据处理、TGO 数据处理软件进行内业数据处理与解算。

(2)起算点坐标(可根据实际情况自定)。

所使用的的 3 个已知点各自坐标值如表 9-30 所示:

表 9-30　控制点点位坐标

| 点号 | 坐标 $X$ | 坐标 $Y$ | 高程 |
| --- | --- | --- | --- |
| G01 | 3 481 083.549 | 480 333.481 | 459.219 |
| G04 | 3 480 696.229 | 480 175.443 | 458.874 |
| G08 | 3 480 736.782 | 480 505.093 | 461.567 |

(3)闭合环和重复基线的检验。

①基线解算的质量检验：无论采用单基线模式或多基线模式解算基线，都应在整个 GPS 网中选择一组完全的独立基线构成独立环，各独立环的全长闭合差应满足 $W \leqslant 2 \times a \times$ SQR$(3 \times n)$，$W$ 为环闭合差，$n$ 为独立环中的边数，为标称精度；复测基线的长度较差，不宜超过 $ds \leqslant 2 \times a \times$ SQR。

②复测与重测：无论何种原因造成一个控制点不能与两条合格独立基线相联结，则在该点上必须补测或重测不得少于一条的独立基线。

③GPS 网平差处理：无约束平差中，基线向量的改正数($V\triangle x, V\triangle y, V\triangle z$)绝对值应满足 $V\triangle x \leqslant 3 \times a$，$V\triangle y \leqslant 3 \times a$，$V\triangle z \leqslant 3 \times a$，当超限时，可认为该基线或其附近存在粗差基线，应采用软件提供的或人为的方法剔除某些误差较大的基线值，直至符合要求；约束平差中，基线向量的改正数与剔除粗差后的无约束平差结果的同名基线相应改正数的较差($dV\triangle x, dV\triangle y, dV\triangle z$)应符合 $dV\triangle x \leqslant 2 \times a$，$dV\triangle y \leqslant 2 \times a$，$dV\triangle z \leqslant 2 \times a$，当超限时，可认为作为约束的已知坐标、距离、已知方位与 GPS 网不兼容，应采用软件提供的或人为的方法剔除某些误差较大的约束值，直至符合要求。

**4. 提交成果资料**

(1)GPS 控制网技术设计书；

(2)数据处理报告及成果表；

(3)控制点点之记；

(4)外业观测记录；

(5)技术总结。

**5. 注意事项**

(1)观测前需收听当天的天气预报，制定好相应观测计划；

(2)不能在接收机测量中关机重启，改变接收机位置，若出现上述情况应立即通知全员准备进行重测；

(3)不得随意删除信息；

(4)观测中，必须至少要有一人看护仪器。

## 五、实训记录表

表 9-31 GPS 外业观测记录

| | |
|---|---|
| 小组组号 | 日期:年 月 日 |
| 测站名 | 图幅编号: |
| 天气状况 | 时段号 |
| 测站近似坐标: | 本点为:<br>□新点 |
| 纬度:°′□等大地点 | |
| 经度:°′□等水准点 | |
| 高程(m): | |
| 记录时间 北京时间 □UTC □时区<br>开录时间结束时间 | |
| 接收机号 | 天线号 |
| 天线高(m): | 测后校核值(m): |
| 测前量高 1. 2. m | 测前平均值(m): |
| 天线高量取方式略图 | 测站略图及障碍物情况 |
| 备注 | |